清华大学人居环境研究丛书

天下·国典·家园：
黄帝陵国家文化公园规划设计研究

清华大学建筑与城市研究所
首都区域空间规划研究北京市重点实验室
吴唯佳　武廷海　黄鹤　孙诗萌　郭璐　张璐　叶亚乐　著

中国建筑工业出版社

图书在版编目（CIP）数据

天下·国典·家园：黄帝陵国家文化公园规划设计研究／吴唯佳等著．—北京：中国建筑工业出版社，2020.7
（清华大学人居环境研究丛书）
ISBN 978-7-112-24974-9

Ⅰ．①天… Ⅱ．①吴… Ⅲ．①黄帝陵－园林设计－研究 Ⅳ．①TU986.2

中国版本图书馆CIP数据核字（2020）第044506号

责任编辑：黄　翊　陆新之
责任校对：张惠雯

清华大学人居环境研究丛书
天下·国典·家园：黄帝陵国家文化公园规划设计研究
清华大学建筑与城市研究所
首都区域空间规划研究北京市重点实验室
吴唯佳　武廷海　黄鹤　孙诗萌　郭璐　张璐　叶亚乐　著
*
中国建筑工业出版社出版、发行（北京海淀三里河路9号）
各地新华书店、建筑书店经销
北京锋尚制版有限公司制版
北京雅昌艺术印刷有限公司印刷
*
开本：880×1230毫米　1/16　印张：7½　字数：271千字
2020年8月第一版　2020年8月第一次印刷
定价：98.00元
ISBN 978-7-112-24974-9
（35685）

代丛书序

人居高质量发展是国家治理现代化的重要抓手：“京津冀城乡空间规划研究”及“转型中的城乡规划研究”工作综述

我国正进入从高速增长转向高质量发展的新时期。推进国家治理体系和治理能力现代化成为全面深化改革的总目标。

2015年中央召开城市工作会议，2016年发布《中共中央 国务院关于进一步加强城市规划建设管理工作的若干意见》，2018年印发《深化党和国家机构改革方案》，成立国家自然资源部，城乡规划管理职能移至自然资源部下，2019年召开十九届四中全会，要求推进国家治理体系和治理能力现代化。随着国家规划体制改革的贯彻实施，生态文明、城乡融合、美丽中国等一系列重大举措的进一步落实提到议事日程，人居高质量发展成为国家治理现代化的重要抓手。

中央城市工作会议指出，城市工作要把创造优良人居环境作为中心目标，努力把城市建设成为人与人、人与自然和谐共处的美丽家园。习近平主席多次强调：“必须坚持以人民为中心，不断实现人民对美好生活的向往”。

美好人居是经济社会健康发展的保障。人居高质量发展是通过建设美好人居，实现受惠面更充分、社会包容更均衡、文明程度更高层次的转型发展，是城市与乡村的均衡发展、经济增长与社会公平的均衡发展、区域竞争力与区域凝聚力的均衡发展。人居高质量发展需要绿色城乡建设的支持，处理好城乡建设“量”和“质”的关系，处理好城市规模增长与存量改造、经济社会综合效益提升的关系，处理好城市经济发展与社会公平、资源环境保护协调关系，处理好政府调控与社会治理、社会融合的关系，为此要深刻把握好规划、建设、保护、管理的科学规律，在国家治理能力、治理体系现代化和空间规划体系改革的整体安排下，以美好人居为抓手，统筹各部门力量，将有关的经济社会发展、资源环境保护、城市规划建设管理等一系列重要工作拧成一股绳，持续努力，共同为广大人民提供生产、生活、生态合理组织的有序空间和宜居环境，以满足人民日益增长的需要，增进民生福祉，实现高质量发展。

一、为实现人居高质量发展的区域协同开创研究：京津冀城乡空间规划研究

30年来，清华大学建筑与城市研究所围绕人居环境和城乡建设，经历了创建人居科学、深化人居科学和实验推广人居科学等几个阶段，开展了一系列研究，为美好人居和城乡规划建设的战略决策和健康发展做出了扎实的工作，其中影响最大、最重要的是“京津冀地区城乡空间发展规划研究”等方面。研究重点主要集中在京津冀协同发展的基本要求、空间组织和有关的规划方法等。在京津冀协同发展的基本要求研究中，注意到20世纪末世界上的全球城市和全球城市地区的空间现象，对全球城市地区在全球竞争中的作用，及其中长期发展规划战略进行了系统分析工作，认为全球化趋势下，北京面对建设全球城市的直接挑战，迫切需要用更大的腹地，解决区域发展差距大、资源环境紧缺等问题。研究提出了建设“大北京”的设想，以核心城市“有机疏散”、区域范围“重新集中”的布局理念，空间质量上通过区域协同，疏解非首都功能，推动北京“走出同心圆”，扩大腹地，提高首都功能的全球影响；同时以区域城市的理念，解决北京周边地区发展速度慢、差距大等问题，缓解资源环境压力。

此外，研究开展了京津冀地区区域发展与问题的动态跟踪与评价，客观把握人口、经济、社会发展与资源环境状况，提出以京津发展轴、滨海发展带、山前发展带和燕山—太行山山区生态文化带组成京津冀地区的“一轴三带”区域空间布局，形成城乡空间、交通、生态、文化“四网融合”的空间体系，共同建设京津双核心、多中心的“世界城市地区”；在实施路径上提出“战略规划到行动计划”的建议，以加强跨区域规划的编制和管理，推进“畿辅新区”“京津冀合作沿海经济区”“海河上游生态保护区”等建设，促进跨区域的空间治理。

在方法上，创建了目标导向与问题导向相结合、情景模拟和政策研究相结合、战略规划与行动计划相结合的规划研究新范式，以区域协同发展的关键问题、难点和挑战等为对象，探索需要采取的战略措施，利用目标和情景分析工具对战略措施进行战略判别和战略选择。研究还创造性地发展了多学科、跨部门的跨地区研究方

法，动员两市一省、21家单位、140位专家组建“科学共同体”参与到研究工作里来，为科学认识区域协同发展的关键问题和突破领域等作出了重要贡献。

“京津冀地区城乡空间发展规划研究”具有起步早、水平高、影响大的特点，是国内持续时间最长、战略理念最为领先的城乡区域研究之一，在近二十年来的京津冀地区协同发展各个关键时间节点，发挥了重大的学术与社会影响，推动了相关规划、政策的制定，得到了京津冀各级政府、国内同行和世界权威机构的认可，直接指导了地方实践；发展的长期战略理念和规划政策得到了中央的重视，为推动京津冀协同发展的理念形成并上升为国家战略，支撑当今世界规模最大的区域协同发展，发挥了重要作用。2003年研究所参加了北京城市发展战略规划和天津城市发展战略规划研究，参加了2004年和2016年北京总体规划的修编。《京津冀地区城乡空间发展规划研究（二期报告）》出版后，国家发改委、住房和城乡建设部相继编制发表《京津冀都市圈区域规划》《京津冀城镇群协调发展规划》；《京津冀地区城乡空间发展规划研究（三期报告）》出版后，也为住房和城乡建设部“京津冀城乡规划”提供了重要参考，为国家“京津冀协同发展规划纲要”的“一核、双城、三轴、四区、多节点”总体布局，以及“以重要城市为支点，以交通干线、生态廊道为纽带的网络型空间格局”等规划理念提供了重要支撑；为北京新机场、临空经济区、七部委“加强京冀交界地区规划建设管理指导意见”等行动规划和措施提供了重要决策基础。

研究获得了国家自然科学基金“九五”重点项目、住房和城乡建设部科技项目的资助，以及北京、天津、河北省等地的支持。京津冀三地政府对“京津冀地区城乡空间发展规划研究”予以高度评价，认为研究为制定城乡发展战略、促进京津冀地区城乡空间协调发展的战略决策起到了重要的理论与技术支撑。2011年吴良镛先生以京津冀地区城乡空间发展规划工作为基础发展的人居科学获得国家最高科学技术奖，2014年11月李克强总理等多位国家领导人参观了国家博物馆人居展中的京津冀研究成果。联合国副秘书长、人居署主任克洛斯认为京津冀地区城乡空间发展研究是将学术研究应用到实践，直接服务于国计民生的典范。研究所参与的科研规划设计项目获十多项国家和省部级奖励，为清华大学城市规划专业学科发展作出了重要贡献，在教育部重点学科评估中连续两次拔得头筹。2014年，以研究所团队为核心，联合北京市城市规划设计研究院成立“首都区域空间规划研究北京市重点实验室”，2017年实验室在“北京市重点实验室三年绩效考评”中获得优秀。

二、为实现人居高质量发展的区域协同深化研究：京津冀协同的一体两翼与首都功能核心区

2013年以来，研究所在开展京津冀地区城乡空间规划研究的同时，利用了目标—情景—战略的规划研究新范式，参与和完成了京津冀协同发展一体两翼，包括雄安工作营、北京城市副中心战略研究、张家口冬奥与崇礼发展战略研究，以及首都功能核心区和北京2050年的有关规划研究工作，深化了京津冀协同重要地区的战略措施，完善了京津冀地区城乡空间发展的重要战略远景。研究所是参与京津冀一体两翼和首都功能所有研究的重要机构。

其中，在雄安工作营方面，研究认识到，北京的空间布局应与近年来世界大国首都城市一样，积极应对世界格局变化中的国家首都战略竞争。设立京津冀协同发展的新区，要立足于区域协同发展的根本目的，缓解北京中心城区发展的压力，完善以京津为核心的世界特大城市地区空间格局，促进京津冀地区均衡发展，为区域协同发展的国家战略提供抓手。研究认为，雄安位于太行山飞狐陉、蒲阴陉出山口和山前南北交通走廊的交会处，具有左引大海、右揽古北岳、北对妙峰山、南连白洋淀的区位特点，生态环境、湖淀景观和历史文化底蕴独具特色。雄安拥有联系北京、天津和全国的优越交通条件，人口密度相对较低。雄安与保定一起可以构建以白洋淀为绿心的雄保都市区，与依山的北京特大城市和依海的天津特大城市一起，组成京津冀中部三个各具特色的核心城市。通过“依淀”的雄保都市区，雄安可以纳入京津冀特大城市地区的核心城市空间格局之中。当然，雄安也面临资源环境保护和地方发展水平不高的问题，不应采取大规模、高密度战略，而是要利用非首都功能疏解和湖淀历史文化资源的支持，以创新经济、创新服务、创新文化、创新治理引领千年之城的高质量发展，有重点地进行突破。为此，研究建议，规划设计布局要立足历史观、形势观、生态观、科学观、人文观等规划设计理念，以理想模式、超级工程和行动计划，传承中国古代营城和湖淀开发的经验，构建山川定位的历史文化轴线、中规中矩的新区功能组团、淀城相融的生态文明形态，共建共享的民族复兴标识。

在北京城市副中心战略方面，研究认为，自元代以来通州一直是北京的主要贸易枢纽，近代交通的发展改变了通州的地位。2004年北京城市总体规划将通州与顺义、亦庄一起，确定为三个重点新城之一，承担综合职能。十多年来，通州的综合职能发展并不突出，其中既有现有发展路径受限的原因，也有区位优势发挥不充分的原因。京津冀协同发展战略下，通

州要以更大的区域范围来认识发展条件。研究分析认为，通州位于北京长安街东西轴线延长线上，与西部首钢和门头沟相对，是北京中心城区东西两翼的重要端点之一，向东与渤海湾碣石相望，向北与首都机场相通，向南与大兴新机场和天津相连，在构建北京东部的空间秩序中具有重要地位。通州还位于京津发展带和京津冀东部山前城镇带的交会处，是北京引领京津冀东部协同发展的重要地区，是京津冀协同发展的重要一翼。通州西距北京使馆区、CBD不远，也具有发展首都国际文化交往的重要条件；在中心城区格局上，通州是北京六环上六个对外联系的重要节点之一，是北京城市中心体系的核心成员，为此要强化与长安街东西轴线的空间关系，加强与北京中心城区以及京津冀东部的交通联系，与北三县合作建设北京东部绿色发展的国家纪念地和区域绿心，成为北京的创意产业和生产者服务业的聚集区（设计服务、贸易服务基地）、国际文化交往区，以及京东发展走廊的高端医疗卫生教育、商业物流区域服务中心。通州还应利用区域交通和大运河水系，建设交通运营和水资源管理的绿色示范区、历史文化遗产保护与文化多样性的宜居典范区。

在冬奥会与崇礼空间发展战略研究方面，研究认为，崇礼与赤城、延庆拥有的上千平方公里燕山山脉，构成了北京极具规模的世界级特大城市远郊森林景观，是北京北部的重要生态屏障和建设世界城市的重要特色资源。崇礼拥有长城文化、民族文化、塞外文化、互市文化等多元文化，是京张历史文化走廊上的重要节点；拥有的世界一流冬季体育休闲资源，是服务“三亿人上冰雪”国家体育战略的重要基地。崇礼还是河北贫困区，冬奥会和国家体育休闲为崇礼和张家口发展提供了关键动力和重要契机，对促进河北转型发展有重要意义。但是，崇礼目前发展落后，山沟狭窄，面临水资源减少、水土流失、生态环境退化等现实生态威胁。以现有条件承担冬奥会和世界级游憩功能，需要作出巨大努力。为此，崇礼应采取有限规模和便捷联系的战略，强化西湾子镇与太子城等冰雪基地的绿色交通联系和高质量旅游服务的接待保障能力；要加强生态保护，合理引导和控制旅馆总规模，控制雪场总规模，引导房地产市场健康发展，尽早着手探索治理机制创新，保障冬奥前后的生态可持续发展。

在首都功能核心区方面，研究关注了首都的国家政治、文化标征作用，关注了北京都城的历史文化渊源和现状，关注了中国都城的国家格局意识，关注了社会主义首都的国家特色和中华文明特色，以及人民首都的文化和宜居环境；开展的首都功能布局、首都功能核心区用地布局优化和功能提升，以及中央办公区规划研究，围绕提升首都政治、文化、国际交往功能和疏解非首都功能，提出要传承历史经验，以更加宏大的首都区域空间格局来处理好“都”与“城”的关系，通过优化用地布局和设计构想，落实京津冀协同发展和北京城市总体规划的空间战略；进一步处理好首都功能核心区的功能安排，以文化、宜居、安全为重点，为中央国家机关工作提供安全便捷保障，为提升国家首都的世界形象、凝聚民族精神创造条件。

在北京2050展望研究方面，研究发现，超长期特大城市地区发展面临复杂多变的国际格局和多元的价值诉求，要把握既定有不定的原则。可以确定的是，由于全球城市的影响力和产业集聚效应的相互影响，以全球城市为核心的特大城市地区经济活动的地理集聚以及专业化发展将愈加明显。特大城市地区核心地区与外围地区综合、多元联系的进一步突出，将引领全球性的专业化集聚和地方化分散的并行趋势。城市品质的提升与新经济活动的协同联系、技术创新与生产力水平提升的交互响应、交通设施改善与服务导向的空间增长，将推动特大城市引领下的周边中小城市快速发展，形成区域城市格局。国家竞争力的进一步提升，带动首都功能深化发展，城市经济向生产者服务业拓展，制造业升级和迁移过程也将进一步加快，推动国际交流、高端服务、技术创新、文化和知识经济等的发展。但是北京的未来发展也必须面对京津冀共同的人口资源环境问题。人口资源环境约束，是发展特大城市地区的主要战略考量，也是困扰特大城市地区发展的长期难题，将成为北京长期发展的硬性约束条件。破解人口资源环境约束的难题，关键在于空间战略方面的集约化、紧凑化、网络化和区域化布局，要依托新技术革新、智能城市和区域交通等的科学创新，进一步推动城市功能布局和空间拓展模式向内城和区域两个方面发展，要一方面完善区域绿化隔离和国家公园体系，配合绿色、共享、包容、宜居的先进理念，建设世界级绿色、可持续的特大城市地区的空间治理体系，实现首都功能和全球城市功能在中心城区和外围的全域布局，不断提升中心城区的影响力；另一方面，特大城市地区和北京市域仍需要适当的人口政策长期予以控制和引导。

总体说来，京津冀协同一体两翼、首都功能核心区和北京2049发展战略的研究工作，深化了京津冀协同战略下“一轴三带”“四网融合”的空间布局理念，应用的规划研究新范式，在更具战略意义的层面，发展了首都功能核心区、北京外围重点地区和重点领域的规划战略，进一步完善了京津冀协同发展的空间框架，为京津冀协同发展和首都区域空间长期布局研究作出了基础性和前瞻性的贡献。研究成果在相关规划工作中得到了具体应用，崇礼战略作为冬奥建设关键的前期工作，2017年初向总书记汇报，成为京津冀协同一体两翼最早收获的规划成果。雄安工作营的清华团队工作，为从更高的角度认识雄安的地位、科学制定空间布局战略作出了贡献。首都功能核心区规划研究、通州副中心发展战略和北京2050长期战略等工作也都向中央和北京市有关部门进行了汇报，纳入相关的规划之中。

三、从人居到区域协同的拓展研究：转型中的城乡规划研究

在人居科学和城乡规划转型发展方面，2012年以来，研究所举办了七届人居论坛，其中2012年的主题为“人居环境科学”，2013年主题为“人居科学的未来”，2014年的主题为“人居科学与区域整合”，学术报告均已编辑成书出版。2013起，与中国城市规划学会合作，连续举办了七场学会年会的学术对话，其中2013年的主题为“美好人居与规划变革”，2014年的主题为“区域协同规划”，2015年的主题为“美丽人居与和谐社区营建”，2016年的主题为“人居科学与乡村治理”，2017年的主题为“特大城市地区如何引领实现百年目标”，2018年的主题为“空间规划体系变革与学科发展”，2019年的主题为“人居与高质量发展”。2017年还与香山会议合作，举办了题为“优化人居环境，发展人居科学”的第617次香山会议学术讨论会暨第七届人居科学论坛。研究所还与首都区域空间规划研究北京市重点实验室和北京市城市规划设计研究院共同主办了三次学术论坛，分别为2017年的“特大城市地区发展战略”，2018年的“空间规划体系变革与学科发展，暨特大城市地区空间规划与研究进展”，2019年的“人居环境与高质量发展”。

这些学术研讨呈现的研究所工作重点，突出表现在与中国城市规划学会合作举办与城乡规划变革相关的年会学术对话之中，核心围绕近年来的发展转型及其对城乡规划变革的影响等方向性问题上，关注与人居以及国家空间治理相关的多个重大领域，其中包括特大城市地区的发展、空间资源管控、乡村治理和城乡融合发展，以及空间规划体系的改革等。

研究认识到，党的十八大提出经济、政治、社会、文化、生态文明建设五位一体协调发展的新要求，使得城乡规划需要适应国家发展转型的根本性问题。2014年，习总书记提出“新常态”的论断，对新时期我国经济社会发展提出明确要求，是遵循经济规律的科学发展，遵循自然规律的可持续发展，遵循社会规律的包容性发展；在国家发展战略取向上，要准确把握改革发展稳定的平衡点、近期目标和长期发展的平衡点、经济社会发展和人民生活改善的结合点。对于城乡规划，新时期的转型核心可以归结为“三个1亿人”，即促进约1亿农业转移人口落户城镇，改造约1亿人居住的城镇棚户区和城中村，引导约1亿人在中西部地区就近城镇化的新型城镇化深化发展问题，特大城市地区快速发展和广大乡村地区城乡融合发展的空间治理和协同问题，以及应对多年形成的以规模增长为基础的发展模式转型及其规划体制改革问题。

对于特大城市地区，研究认为，综观历史，特大城市地区在引领国家现代化中起着重要作用。与战后美国、欧洲、日本等国相似，我国特大城市地区在城市化进程中也扮演非常重要的角色。珠三角、长三角、京津冀地区以不到3%的国土面积集聚了全国20%左右的人口，创造了全国1/3的GDP。发展特大城市地区对于人口众多、资源和环境条件并非最佳的我国，是一个非常重要的战略选择。特大城市和特大城市地区不断集聚人口和各类活动，不仅成为一个国家和地区经济、政治、文化等发展的重要引擎，更成为一个国家和地区发挥世界和区域影响力的重要舞台。为此要进一步加强特大城市地区人员、经济活动的流动性、空间发展的均衡性、社会凝聚的包容性，进一步提升特大城市地区的竞争力、区域发展的引领能力和资源环境节约集约的绩效水平。对于特大城市地区发展中的各种问题，包括空间和非空间问题，还是要在加强市场机制的同时，有效发挥政府积极管控作用，以区域协同解决市场化资源配置的外部性问题，合理引导土地、生态、交通等资源布局，促进特大城市地区的大中小城市健康发展。在特大城市内部，要积极推进人居优化提质，“瘦身健体”，积极利用存量用地、工业用地、废弃地，以高质量的科学技术，发展混合利用和多中心体系相联动的智能化、差异化、精细化城市交通体系，互联网+物流枢纽体系，文化教育市民服务体系，以及高密度开放街区的灾害应急疏散、安全体系等，提高土地利用绩效。在边缘地区，要强化中心城区与周边城镇高效通勤和一体发展的交通和公共服务网络，提升城乡结合部的人居环境质量，发展专业化边缘城镇和郊野公园等。

对于乡村地区，研究注意到改革开放以来我国农村常住人口持续降低，乡村建设用地持续增长，乡村建设用地利用率偏低，耕地破碎化。从长期趋势看，城镇将是我国主要的人居地点，但乡村仍将是重要的人居形态之一。即便城镇化趋于稳定之后，乡村人口仍有相当的规模。为此要在着重解决好“三个1亿人”的同时，加强有利于未来人居紧缩的乡村村庄建设管控，发展适宜的人居技术，分级、分类进行乡村人居综合整治。开发简易、低成本的中小城市快速公共交通系统，探索适用于不同地域的集中与分散相结合的人居布局模式，顺应农业现代化，提高土地利用效率，促进乡村可持续发展。为人口减少、分布分散、维护困难的乡村，在基本公共服务均等之外提供新能源、信息和环保技术等扶持，实现不让一个掉队的新技术包容性服务。

关于人居环境优化提质，研究注意到除了特大城市地区、其他大中小城市和乡村地区人居环境外，还应特别关注长期气候变化和自然威胁对人居环境的影响。人居高质量发展要求各地采取有效措施，对地质灾害高发、风暴潮多发、海平面上升等受自然灾害胁迫的地区，要特别重视发展韧性规划措施，完善人居环境的预警系统，建设防灾街区、应急避难场所、生命线系统等；对于高温、高湿地区，要研究采取适宜的城市空间形态和通风走廊；对于高纬度、高寒地区，要加强地上地下立体综合开发利用；对于干旱及水资源匮乏地区，要加强水源涵养、雨水回收、节水系统的综合管理。要探索城市安全阈值与经济社会成本相互关系。

关于人居高质量发展的治理方面，研究认为，为实现我国人居高质量发展，应辩证认识过去的发展道路，科学看待当前问题。人居高质量发展不仅包括高质量的生活，也包括高质量的治理，高质量发展与高质量治理紧密相关。为此应当研究具体举措，规范各级政府的公共资源调控行为，协调发挥政府和市场的作用，减少对土地开发的过度依赖。要改革土地管理制度，除了加强底线管控之外，还要从市场机制出发，按照谁使用、谁负责的原则，真正让土地使用者承担起土地使用的社会经济责任，为此要推进可溯源、可核查的土地使用权责制度改革，从根本上解决寻租、“搭便车”等顽疾。要依据以人民为中心的理念转变规划建设管理思路，研究社区需求，以街区为基础，以共建共享为准则，深化人居环境规划建设的精细化管理。要因地制宜、因势利导地开展人居环境高质量发展的试点和实践，不搞部门化、一刀切，探索适合我国国情的人居治理道路。

为实现人居高质量发展，在完善国家规划体系方面，研究认为要从人居环境构成的基本规律出发，认识空间规划的含义。空间规划的对象是与经济、社会、文化和生态活动有关的“空间”，这个“空间”是国土资源的空间，也是经济社会发展的空间，本质上还是人民生活和工作的空间。满足人民群众的需求、建设美好人居，有赖于经济社会发展的支撑，也受到资源环境条件的限制。城乡人居环境优化、经济社会发展、国土资源管控，三者相互交织、相互影响。城市是三者矛盾最突出之地，也是统筹协调、处理好三者关系的关键地区。要统筹协调好三者的关系，化分力为合力，形成一盘棋，为此要构建好责权分明的分层级国家规划体系。省市的发展规划调控经济社会发展，国土空间规划对发展规划涉及的国土资源进行统筹协调；城市规划是各类规划和项目的综合“落地”，既要对各类规划和项目进行综合用途管制，也要进行建设管控。在建立空间规划体系的过程中，要因势利导地发展人居科学，建议结合国家行政管理体制改革，设置统筹人居管理工作的机构部门。

对于城乡规划特别关注的人居高质量发展的长期趋势，研究认为，要特别关注国家空间战略政策设计的重要性，注重推进与区域协同、空间资源配置、空间治理有关的区域、城市、乡村地方政治体制改革和制度改革；要重视动员各个层次、各个部门以及社会和公众力量参与区域治理和空间规划制定，要重视影响城乡融合发展的重点领域、重点地区、重点问题的平衡点，及其有关的解决措施；要重视城乡之间的基本公共服务均等，特别是进入信息社会后，要重视移动性和数字服务、区域流动性和可达性的基本公共服务均等，促进社会公正公平发展；要进一步推动区域协同发展，鼓励区域中各个基层政体，组成协同联盟，合作应对共同的经济发展、基础设施建设、生态环境保护等议题；要重视全龄化社会的人群健康、生活方式的超多样化、信息技术下的生产与物流、社会决策和设计权的个性化转移、再城市化和城市加密等新型社会的议题对人居高质量发展产生的影响。

除了上述工作之外，清华大学建筑与城市研究所近年来还开展了北京历史文化名城保护精华区研究、北京中轴线南延与北京新机场研究基于“三最一突出”的核心指标体系研究、北京“三城一区”公共服务资源配置研究、促进功能疏解的副中心智慧城市规划建设策略及规划导则研究、昌平空间发展战略研究、昌平区总体规划研究等，在北京外围地区还开展了廊坊发展战略研究，北三县发展战略研究，廊坊中心城区总体城市设计规划研究，保定历史文化名城保护规划研究，雄安新区起步区南北中轴线功能策划，崇礼西湾子主城区控规现状、交通专项、控规指标研究等。研究团队还参加了黄帝陵国家文化公园工作营、长三角生态绿色一体化示范区工作营，完成了参与全球竞争的杭州湾湾区发展战略研究，哈尔滨亚布力大旅游空间发展战略研究，昆明城市发展战略研究，运城历史文化保护研究、人居环境优化提质等研究。

此外，研究所还主持参与完成了一系列国家和地方自然科学基金项目、国家重点研发计划、国家重大专项、北京市科技计划、国家和北京等地方社会科学基金等项目，以及地方的重要规划科研项目，包括双评价和国土空间规划体制的研究、城乡规划领域推动绿色发展的路径分析和对策建议、提升建筑文化特色的对策研究等住房和城乡建设部科技项目，以及 GIS 支持下的都江堰灌区传统人居环境营建模式、形成机制与生态智慧研究，村镇聚落空间重构数字化模拟及评价模型等自然科学基金和科技部项目。

总体来看，为了适应新时代发展的要求，近年来研究所以京津冀城乡空间规划研究为起点，对以京津冀为代表的我国特大城市地区的区域协同开展了一系列的深化研究，在研究方法、布局理念、体制转型等方面开展了卓有成效的工作。为进一步加强人居环境和城乡规划的科学研究，促进学科发展，在今天这个时间节点上，需要对研究所过往的工作进行整理和总结，借此来认识我们所处时代的发展轨迹和建设路径，认识人居科学在这个时代从事的伟大事业的重点，探索中国特色的路径和经验。为此，我们计划将近几年来的研究实践，分类、分集整理出版，以深化我们的研究。这项工作既是总结，也是为以后的研究创造条件，为学科交流服务。

最后，要感谢吴良镛先生，他建立了清华大学建筑与城市研究所，在过去30年的工作中，为我们这个时代的人居事业和城乡规划理论发展作出了重要的贡献。当然，我们也要更为自觉地大力发展人居科学，为建设美好人居和推进国家空间治理现代化提供科学支撑。吴先生在2013年《明日之人居》一文中，展望人居科学，希望“科学的发展要专注于时代的大潮，不失时机地在理论与实践上创新、推进，更上新的台阶”。城乡规划学是人居科学的核心学科之一，当今的时代为城乡规划学科的发展提供了历史性、具有巨大挑战性的契机，我们要肩负起创造美好人居的时代使命，拿出更多的智慧和勇气，不断探索，不断研究，推动城乡规划学不断创新，不断前进！

希望本丛书的出版，能够得到读者的关爱和批评指正。

吴唯佳，北京清华园
2019年12月1日

序

中华文明是人类历史上唯一一个绵延5000多年至今未曾中断的灿烂文明。黄帝是中华民族的人文始祖,《史记》记载“黄帝崩，葬桥山”，形成了中华文化的地理标识和精神标识，成为多民族共有的精神家园。黄帝陵是中华民族凝聚力和持续力的根脉之一，更是建国立业、民族复兴的精神源泉。

今天我们看到的黄帝陵，是人与自然结合的创造，又经过历史长河的演变，才最终凝成。自然山川和人工建筑一起见证着历史，记载着历史，诉说着历史，具有超越空间、超越时代的意义。

多年前，我曾亲往陕西黄帝陵调研，深切体会到作为中华民族的文明圣地，“圣地感”的塑造应当是黄帝陵规划设计的关键。圣地感是指一种场所意境，指空间环境具有感人的精神力量，可能会给人一种神圣的感觉。黄帝陵的山、水、陵、庙、城应被作为一个整体加以塑造，形成使人的精神得到感染和升华的“圣地感”。

2018年清华大学建筑与城市研究所接到新的任务——黄帝陵国家文化公园规划设计。我多次参与工作团队的讨论，他们对整体性的“圣地感”的追求，我也深表赞同和肯定。

当然，黄帝陵的规划设计一定是一个长期性的科学问题，需要我们持续思考、探讨，以彰显中华文明圣地的魅力和凝聚力，在中华文明复兴的进程中发挥更大的作用。

吴良镛

前　言

黄帝是中华民族的“人文始祖”，是全球华人共同之祖先，祭祀黄帝是中华民族的悠久传统。《史记·五帝本纪》：“黄帝崩，葬桥山”。今天我们所普遍公认的黄帝陵，位于今陕西省北部黄陵县境内桥山之巅，古称“桥陵”，它自唐代开始获得官祀黄帝的正统性，至今绵延不绝。明代帝王遣官致祭14次，清代30次，1935年始定清明为“国家扫墓节”，官祭黄帝。1937、1938年国共两党两度公祭黄帝，1981年恢复清明公祭黄帝典礼至今。

历史上，对黄帝陵、庙的修缮均为国之大事。唐代宗大历五年（770年）下诏于黄帝陵置轩辕庙，宋太祖开宝五年（972年）降旨兴葺黄帝庙，迁址至桥山东麓，规模扩大，此后自元至明清，皇帝屡次下旨保护或修缮陵庙，至今仍有敕令石碑存世。中华人民共和国成立后，黄帝陵被列为全国重点文物保护单位古墓葬第一号，在毛泽东和周恩来的直接关怀下，得到修缮和保护，此后数十年屡有修葺、整治，环境渐有提升。

改革开放以来，到黄帝陵拜陵祭祖以及旅游的人数日益增多，对黄帝陵进行重新规划整修迫在眉睫。1990年，李瑞环在陕视察工作期间，提出重修黄帝陵，此后陕西省政府组织陕西省建筑设计研究院、西安建筑科技大学等单位开展规划设计，陆续形成《重修黄帝陵规划设计条件》《重修黄帝陵设计工作纲要》，后经李瑞环提议将“重修”改为“整修”。1996年5月，整修黄帝陵庙前区工程基本完工，包括庙前入口广场、印池、轩辕桥、停车场及服务部等。这次整修塑造了今日所见黄帝陵的基本面貌。2004年张锦秋院士设计的黄帝陵轩辕庙祭祀大殿建筑落成，成为庙区新的主体建筑和谒陵祭祖的主要场所。2011年，清华大学张杰教授主持编制《黄帝文化园区总体规划（2011—2030）》，以适应当前国家历史文化遗产的保护要求。

2015年习近平主席在视察陕西时指出：黄帝陵“是中华文明的精神标识”。黄帝陵是绵延数千年、历代朝拜的历史遗产，是山水格局完整的中国祭祀自然文化遗产，是海内外华夏子孙共同的精神家园，更是维系、凝聚中华民族的文化纽带。保护黄帝陵是推动实现中华民族伟大复兴的重要精神力量。2017年5月，《国家“十三五”时期文化发展改革规划纲要》提出：“依托长城、大运河、黄帝陵、孔庙、卢沟桥等重大历史文化遗产，规划建设一批国家文化公园，形成中华文化重要标识。”这为黄帝陵的规划设计提出了更高的要求，“黄帝陵国家文化公园”的规划设计成为重要的时代任务。

2018年初，陕西文化产业投资控股(集团)有限公司、陕西省黄帝陵文化园区管理委员会、黄陵县人民政府和CBC建筑中心共同发起“黄帝陵国家文化公园规划设计大师工作营”，邀请清华大学建筑学院等六家单位为黄帝陵国家文化公园提出规划设计方案。其他五家单位分别是：中国城市规划设计研究院、天津市城市规划设计研究院与天津大学建筑设计规划研究总院联合团队、上海同济城市规划设计研究院、东南大学城市规划设计研究院和西安建大城市规划设计研究院。

清华团队在几个月的时间中，从中华民族繁衍发展的历史进程和中华民族伟大复兴的战略高度，对黄帝陵的地位与价值、保护黄帝陵的重要意义、必须坚持的原则以及采取的规划策略等进行了整体研究，并提出了相应的规划方案和实施建议。本书是这一系列工作的整体呈现。

黄帝陵国家文化公园规划设计工作营的开展，得益于陕西文化产业投资控股(集团)有限公司、陕西省延安市黄陵县政府、《城市·环境·设计（UED）》杂志社的组织与推动，以及中国城市规划设计研究院杨保军院长的倡议与召集。在此对他们的热情与付出表示衷心的感谢！工作营期间，六家规划设计团队始终保持着密切的学术交流。这种相互学习促进了我们对黄帝陵保护及相关规划设计的进一步认识和研究。在此也对其他五家团队表示感谢与敬意！此外，本规划设计研究也曾向张锦秋院士汇报，并得到张院士的肯定与鼓励。在此也向她表示由衷的感谢！

研究要点

本规划设计研究主要由四部分组成：黄帝陵的地位和价值，黄帝陵当前的问题和矛盾，在黄帝陵国家文化公园的规划设计原则和任务，规划设计策略。

一、黄帝陵的地位和价值

黄帝陵在“家—国—天下”三个层面都具有突出的价值：

在“天下”层面，黄帝是五千年中华文明之始祖，是全球华人共同之祖先；黄帝陵是中华文明的精神标识，是全球炎黄子孙共同祭祀的祖陵。

在“国家”层面，黄帝陵有上千年的官方祭祀史和陵庙建设史，是国家公祭人文初祖轩辕黄帝之国典场所。

在“家园”层面，黄陵县有1600余年的行政建置史和近1400年的城市建设史，是历千年经营建设形成、守护黄帝陵的人居家园。

与其他祖陵相比，陕西黄帝陵也具有自身鲜明的特点：

首先，桥山沮水环抱，山水格局完整。

第二，官祀传统绵延，自唐代延续至今，在官祀历史延续性、现存文物数量等级等方面，优于其他黄陵。

第三，“陵—庙—邑”一体，形成最为完整的空间格局。

第四，古城朝对庄正，前案后镇，格局庄正；鱼骨路网，依山抬升；城尽山现，风景入城；城垣民居，遗存丰富。

二、黄帝陵当前的问题和矛盾

首先，山水格局渐失，城市建设用地不断增加，桥山山体完整性遭到破坏，山水格局逐步被蚕食、破坏。

第二，城庙关系失衡，陵、庙景区实行封闭式管理，与城相隔离。

第三，城市特色零落，城市环境文化特色不足，与中华祖陵应体现的文化面貌存在落差，缺乏圣地感。

第四，谒陵线路失序，陵轴隐蔽，庙轴雄阔，主次不清，且陵庙分离，谒陵线路曲折单一。

三、黄帝陵国家文化公园的规划设计原则和任务

作为“黄帝陵国家文化公园”，首先，要站位国家高度，明确规划设计的任务是塑造中华文明圣地。

其次，要展现历史厚度，保护山水格局，优化“陵—庙—城”结构，传承两千年来对中华始祖的官方祭祀传统。

第三，要凝聚情感深度，升华空间环境，承载丰富文化内涵。

为此，规划设计的原则可凝练为以下五条，即尊重历史，发掘特色，解决问题，因地制宜，积极创造。

四、规划设计策略

遵循以上的定位和原则，形成六条核心规划设计策略：

（一）桥陵气魄，目极环翠，划定山水格局保护区和“陵—庙—城核心区”，强化黄帝陵的圣地感。

（二）斗为帝车，七曜临沮，以“七星”概念划分沮水河谷带状地区的功能，形成地区重要公共功能节点。

（三）九州之势，左庙右城，以九宫体系整体控制陵、庙、城的空间格局，并依古制模数布置新增节点。

（四）培根守魂，枢轴中亘，强化黄陵主轴，将主轴三分，分别为：望——山陵气势，思——黄帝功德，拜——人文初祖。

（五）谒陵之道，三段渐进，分类组织谒陵线路，对谒陵之道进行重新设计，营造谒拜黄帝的空间序列与圣地感。

（六）千年城邑，重整而彰，提升激活城市环境，控制建设面积，引导新增建筑物的风格，彰显特色。

总体而言，上述策略旨在将国家高度、历史厚度和情感深度融合一体，提升圣地感。

在规划设计之外，黄帝陵国家文化公园更需要加强相应的制度建设，制定必要的保障措施。

首先，国家文化公园体系的建设、运营、管理主体应从国家层面进行统筹，主管部门应予以明确，成立专门的管理机构，设立专项资金予以保障。仅仅靠黄陵县难以承担起运营维护的重任。

第二，对黄帝文化的认识和发掘需要有专门的研究机构和队伍来支撑，对黄帝陵的研究也应进一步推进。

第三，黄帝陵国家文化公园的运营与地方发展密切相关，如何处理好公园保护和地区发展的关系，建立国家层面和地方层面的沟通协商和权利义务机制，也是国家文化公园建设中的关键问题所在。

目录

1　认知

1.1 天下

炎黄子孙共祭之祖陵，中华文明之精神标识

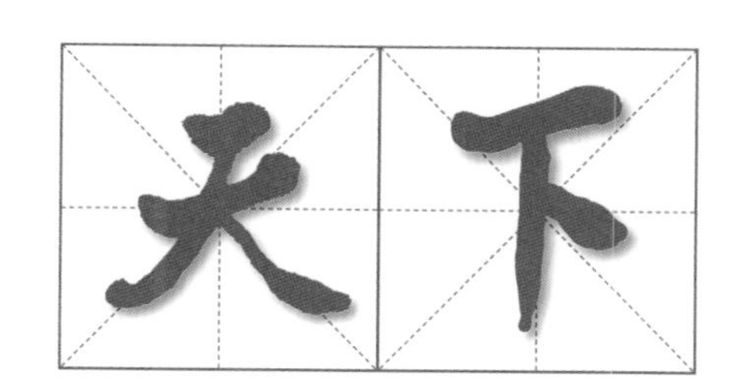

对黄帝陵之重要意义的认识，可以从“天下”“国典”“家园”三个层次展开。

从“天下”层次而言，黄帝是五千年中华文明之始祖；是全球华人共同之祖先。黄帝陵“是中华文明的精神标识”，是全球炎黄子孙共同祭祀的祖陵。

祭祀黄帝是中华民族的悠久传统。我国大陆多地都有定期祭祀黄帝之仪典。1949年中华人民共和国成立以来，我国台湾地区则每年清明在台北圆山的国民革命忠烈祠举行“中枢遥祭黄帝陵典礼”。祭祀黄帝是官民同祭、全球共祭的华人共举。

祭祀黄帝也是中华祭祖文化之代表。在首批国家非物资文化遗产名录中，“黄帝陵祭祀”位列五种祭祖祀典（黄帝、炎帝、伏羲、女娲、大禹）之首，说明黄帝祭祀在中华民族祭祖祀典中的特殊地位。

戊戌年清明公祭轩辕黄帝典礼

图片来源：公祭轩辕黄帝网 http://huangdi.shaanxi.gov.cn/content/2018-04/24/content_15783657.htm

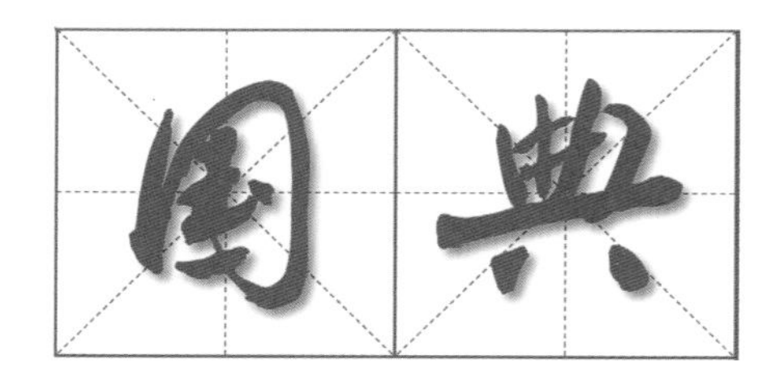

1.2　国典

国家公祭人文初祖轩辕黄帝之国典场所

从“国典”层次而言，中国历史上已有上千年官方祭祀黄帝之传统。自汉武帝“还祭黄帝冢桥山”，陕西黄帝陵是史籍记载官方最早祭祀黄帝的祭祀地之一，迄今已有上千年官方修正黄帝陵、庙的历史。这里也是历年举行“清明公祭轩辕黄帝典礼”之国典场所。

自1981年起，在陕西黄帝陵最早开始恢复举办清明公祭黄帝典礼。1981～1998年间，公祭典礼在桥山黄陵衣冠冢前举行。1999年整修庙前区工程完工，公祭典礼移至庙前区举行。2004年轩辕殿和祭祀广场建成，此后至今，公祭典礼在祭祀广场举行。陕西黄帝陵“清明公祭轩辕黄帝典礼”是由国务院台湾事务办公室、国务院侨务办公室、陕西省人民政府共同举办的国家级公祭典礼。

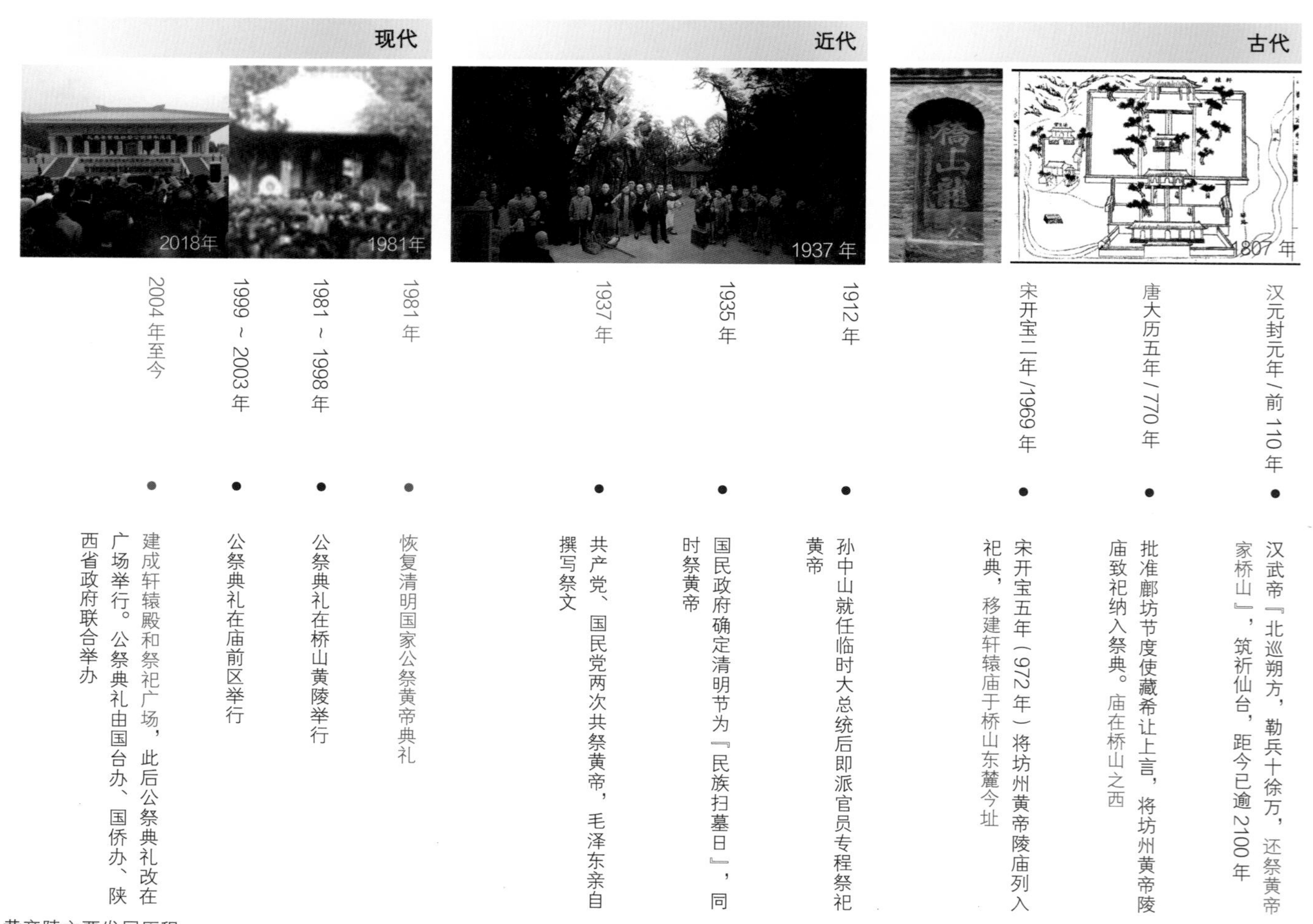

黄帝陵主要发展历程

图片来源：公祭轩辕黄帝网 http://huangdi.shaanxi.gov.cn/content/2018-04/24/content_15783657.htm

［清］丁瀚修，张永清．《中部县志》嘉庆十二年修（重刊本）[M] 台北：成文出版社有限公司，1970.

1.3 家园

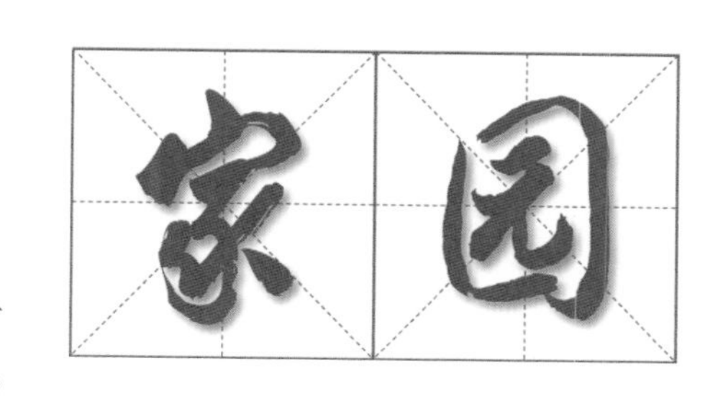

历千年经营建设形成之人居家园

从“家园”层次而言，黄帝陵所在的黄陵县拥有1600余年的行政建制史，拥有近1400年的建城史，是历经上千年经营建设、守护黄帝陵的人居家园。

东晋时期（317 ~ 420年）始于今县城范围内置中部县。唐武德二年（619年）置坊州。由此计算，在今县城范围内设县建城已有近1400年历史。

元、明、清时期，该地区隶中部县。明成化（1465 ~ 1487年）年间始移今治。隆庆六年（1572年）先筑下城，崇祯四年（1631年）始筑上城。清顺治十二年（1655年）复旧城制；乾隆三十年（1865年）重修县城，周围864丈7尺，形成今老城格局。

民国三十三年（1944年），中部县更名为黄陵县。中华人民共和国成立后，县城逐步向东、西、南三面发展。近30年来，城市建设主要沿沮水河谷向东、西两侧发展。

古代

现代

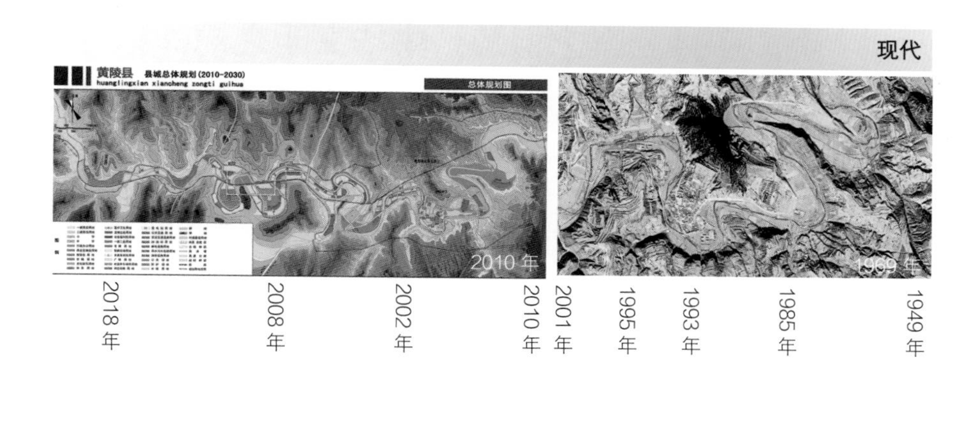

东晋 / 317 ~ 420年 • 始于今县域范围内置中部县，治杏城

唐武德二年 /619年 • 置坊州。元废坊州置中部县，属鄜州

明成化 /1465 ~ 1487年 • 明代为中部县。治所初在坊州城，成化年间（1465 ~ 1487年）迁治今址，隆庆六年（1572年）先筑下城。崇侦四年（1631年）始筑上城，后又复下城

清顺治十二年 /1655年 • 清顺治十二年（1655年）复旧城制。乾隆三十年（1865年）重修县城，周围864丈7尺，约略形成今日老城格局

1949年 • 中华人民共和国成立后，县城逐步向东、南、西三面扩展。旧土城墙大部分倒塌、拆除，仅存部分遗址

1985年 • 编制第一版城市《总体规划（1985—2000）》

1993年 • 编制《整修黄帝陵规划设计大纲》

1995年 • 县城总面积2.66km²

2001年 2010年 • 两次修编《总体规划（2010—2030）》。远期规划建设用地792.5hm²。县城主要沿沮河向东、西两向拓展，形成『两心两轴三廊』的串珠式城市空间结构

2002年 • 『黄帝陵风景名胜区』列入国家级风景名胜区，2008年编制《风景名胜区总体规划》，2017年修编

2008年 • 划定『陕西黄帝文化园区』，2011年编制《园区总体规划（2011—2030）》，规划建设用地485.35hm²，形成『一轴、一河、一环、八区』格局

2018年 • 拟设立『黄帝陵国家文化公园』，编制规划

黄陵县主要发展历程

图片来源：[清]丁瀚修，张永清.《中部县志》嘉庆十二年修（重刊本）[M].台北：成文出版社有限公司，1970.

《黄陵县总体规划（2010—2030）》

全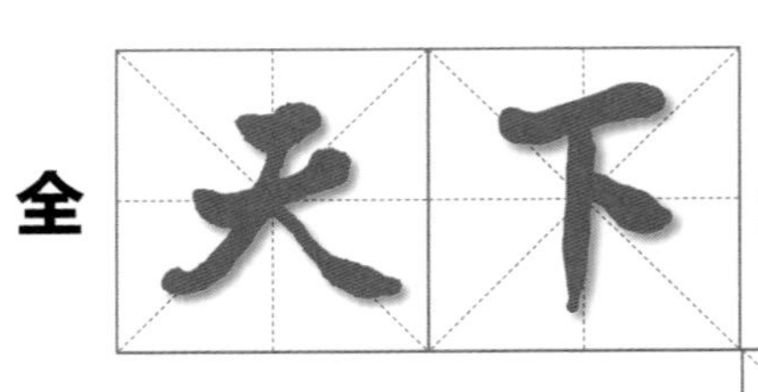

炎黄子孙公祭之祖陵，中华文明之精神标识

国家公祭人文初祖轩辕黄帝之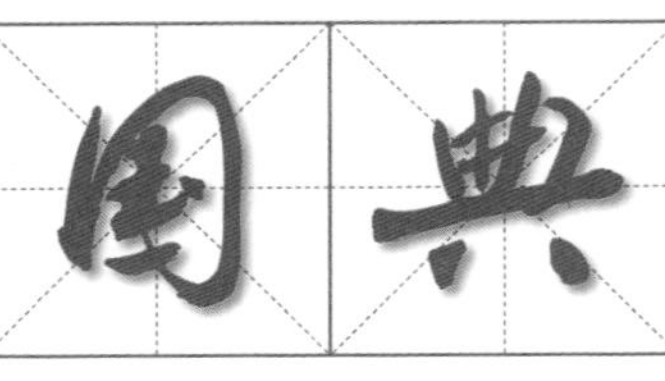

场所

历千年经营建设形成之人居

2　特色

2.1 特色之一：桥山沮水环抱

桥山，是黄帝陵之为黄帝陵的重要依据，也是构成祖陵气势的山水基底与空间要素。

《史记·五帝本纪》载："黄帝崩，葬桥山。"《史记·封禅书》载："（武帝）遂北巡朔方，勒兵十馀万，还祭黄帝冢桥山。"《中部县志·山川》载："桥山，县城北，沮水从山下过，故曰桥。今地形下水由县城南绕而东。"故可知，桥山是黄帝陵之为黄帝陵的重要依据。

自桥山制高点（龙驭阁）四望，群山环抱、沮水中流、前案后镇、东峙西屏的山水格局完整而清晰。周围环抱山势与1000m等高线正相吻合，所围合的范围大约半径4km，以南北向逆时针旋转34°为主轴，前有印台山为"前案"，后有桥山来龙为"后镇"，东有凤岭耸峙，西有西山为屏，恰形成一山环水抱、桥陵居中的理想山水格局，这一桥山沮水环抱的山水格局，是陕西桥山黄帝陵的首要特色，也是中华祖陵圣地中极具代表性的山水格局。

自桥山制高点龙驭阁四望景观

与其他祖陵山水格局相比，黄帝陵的山水格局更加清晰庄正，特色鲜明。

中国古代自春秋战国时期开始形成“因山为陵”的帝王墓葬传统。山岳为陵，高山仰止。山既是陵的基址，也是陵不可分割的组成部分。黄帝陵、炎帝陵、舜帝陵、大禹陵等中华祖陵，皆因山为陵，气势恢弘。

古人云：“陵制当与山水相称，难既同”（《明世宗实录》），“高山五岳定其差秩，祀所视焉”（《孔丛子》）。故自然山水格局的规模与特色至关重要。与炎帝陵、舜帝陵、大禹陵所依托的炎陵山、九嶷山、会稽山相比，桥山的山水格局更加尺度宏阔、朝对清晰、特色鲜明。

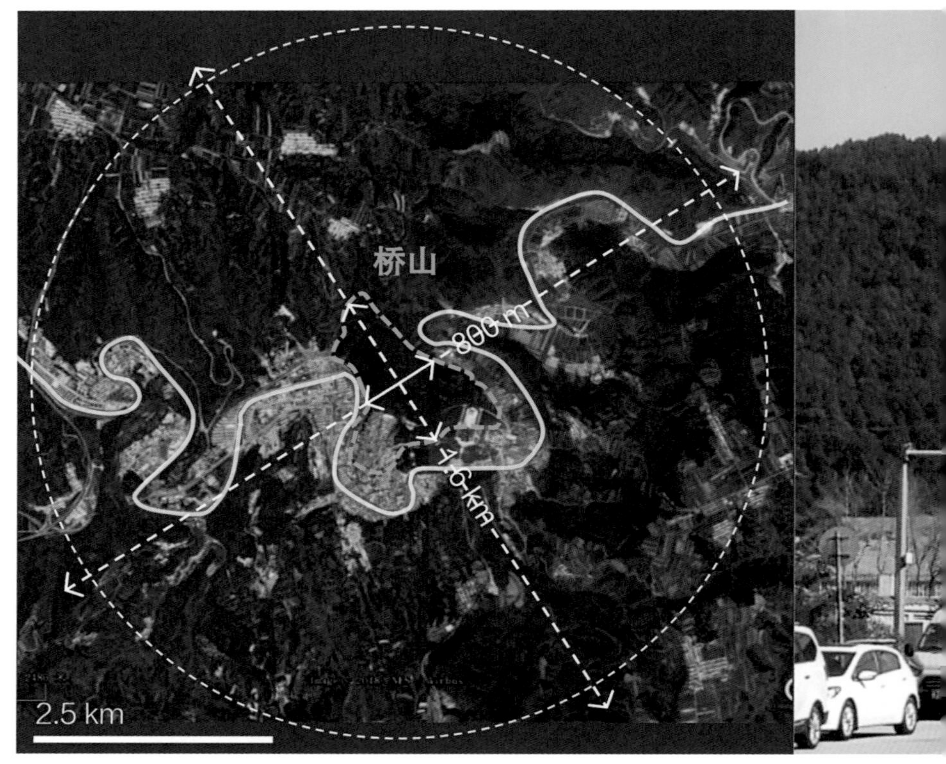

陕西黄帝陵山水格局尺度

湖南舜帝陵山水格局尺度

湖南炎帝陵山水格局尺度

浙江大禹陵山水格局尺度

2.2 特色之二：官祀传统绵延

陕西黄帝陵自唐代开始获得官祀黄帝的正统性，至今绵延不绝。

历代与黄帝相关的祭祀主要分为两类：

其一，在京师及郊设坛庙祭祀。秦汉至隋唐有“南郊祭天，配祀五帝”和“明堂（太庙）祭五帝”两种方式。隋唐后开始在京师建“三皇庙”“历代帝王庙”，专祀历代帝王。

其二，在陵寝地祭祀。唐代开始形成到历代帝王陵寝地进行祭祀的规制。唐大历五年（770年）采纳鄜坊节度使臧希让之建议，将坊州黄帝陵庙致祀纳入国家祭典。宋开宝五年（972年）将坊州黄帝陵庙列入祀典，每三年致祭。明清时期，在陕西中部县祭黄帝成为官祀定制。明洪武四年（1371年）礼部定议“合祀帝王三十五”，就包括“中部祀黄帝”。按祀典，每三年一大祭，由皇帝撰祭文，遣官致祭；常祀由地方官操办。明代帝王遣官致祭14次，清代则多达30次。1935年，国民政府始定清明为“国家扫墓节”，官祭黄帝。1937、1938年，国共两党两度共祭黄帝。中华人民共和国成立后，于1980年代恢复公祭黄帝典礼至今。

陕西黄帝陵系秦汉封陵，唐中建庙，宋初迁址，明清定制。自唐代开始获得官祀黄帝的正统性。官祀活动至今延绵不绝。

性质	文献
祖先之祭	《绎史》：黄帝崩，其臣左彻取其衣冠几杖而庙祀之 《国语》：有虞氏禘黄帝而祖颛顼
天神之祭	《史记·孝文本纪》：有司礼官皆曰：“古者天子夏躬亲礼祀上帝于郊，故曰郊。”于是天子始幸雍，郊见上帝……上亲郊见渭阳五帝庙 《汉书 · 郊祀志》：京师近县鄠，则有劳谷……五帝、仙人、玉女祠 《汉书 · 武帝纪》：元封元年冬十月……行自云阳，北历上郡、西河、五原，出长城，北登单于台，至朔方，临北河。勒兵十八万骑，旌旗径千馀里，威震匈奴……还，祠黄帝于桥山，乃归甘泉
帝王之祭	《汉书 · 郊祀志》：今既稽古，建定天地之大礼，郊见上帝，青、赤、白、黄、黑五方之帝皆毕陈，各有位馔，祭祀备具 《汉书 · 郊祀志》：中央帝黄灵后土畤及日庙、北辰、北斗、填星、中宿中宫于长安城之未墜兆 北魏明元帝神瑞二年（415年），太武帝神鹿元年（428年） 《旧唐书 · 玄宗纪》：于京城置三皇、五帝庙，时时享祭 《册府元龟》：大历五年，鄜坊节度使藏希让上言，坊州有轩辕黄帝陵。请置庙，四时享祭，列于祀典。从之 《黄帝庙碑序》：（宋高祖）一日御便殿，顾谓辅臣曰：“前代帝王有功德昭著，泽及生民者，宜加崇奉，岂可庙貌坠而享祀寂寞乎？当命有司，便加兴葺！”辅臣承命，拜称万岁。即日颁旨：洋洋德音，无翼而飞腾域中矣。今坊州黄帝庙，即其一也 《明史 · 礼志四 · 历代帝王陵庙》：帝以五帝三王及汉唐创业之君，俱宜于京师立庙致祭，遂建历代帝王庙于钦天山之阳
民族始祖之祭	1912年孙中山祝词：中华开国五千年，神州轩辕自古传，创造指南车，平定蚩尤乱，世界文明，惟我有先 1937年毛泽东祭文：赫赫始祖，吾华肇造；胄衍祀绵，岳峨河浩。聪明睿智，光被遐荒；建此伟业，雄立东方

黄帝相关祭祀活动及制度的历史演进

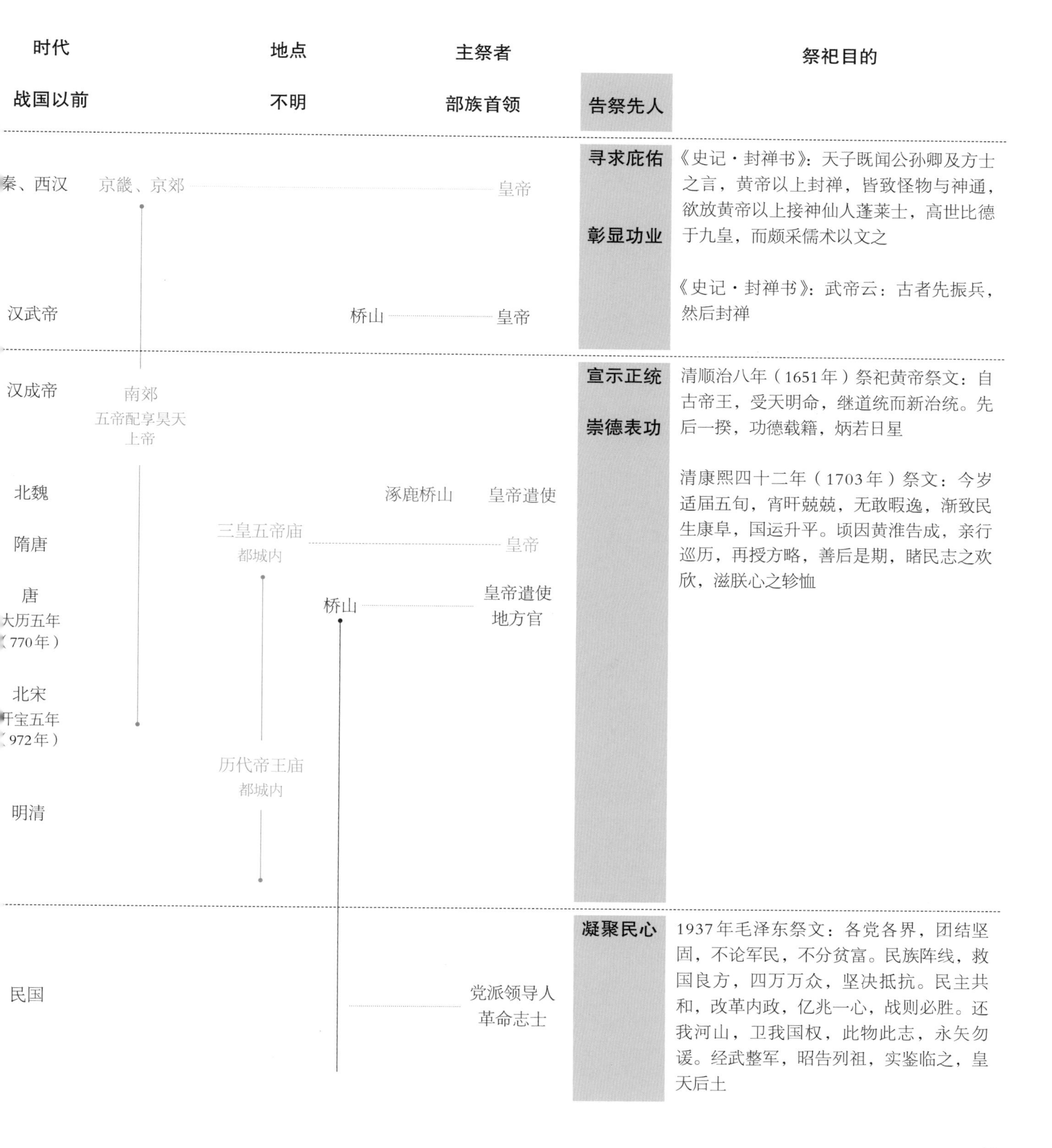

时代
地点
主祭者
祭祀目的
战国以前
不明
部族首领
告祭先人
秦、西汉
京畿、京郊
皇帝
寻求庇佑
彰显功业
《史记·封禅书》：天子既闻公孙卿及方士之言，黄帝以上封禅，皆致怪物与神通，欲放黄帝以上接神仙人蓬莱士，高世比德于九皇，而颇采儒术以文之
《史记·封禅书》：武帝云：古者先振兵，然后封禅
汉武帝
桥山
皇帝
汉成帝
南郊
五帝配享昊天上帝
宣示正统
崇德表功
清顺治八年（1651年）祭祀黄帝祭文：自古帝王，受天明命，继道统而新治统。先后一揆，功德载籍，炳若日星
清康熙四十二年（1703年）祭文：今岁适届五旬，宵旰兢兢，无敢暇逸，渐致民生康阜，国运升平。顷因黄淮告成，亲行巡历，再授方略，善后是期，睹民志之欢欣，滋朕心之轸恤
北魏
涿鹿桥山
皇帝遣使
隋唐
三皇五帝庙
都城内
皇帝
唐
大历五年
（770年）
桥山
皇帝遣使
地方官
北宋
开宝五年
（972年）
历代帝王庙
都城内
明清
凝聚民心
1937年毛泽东祭文：各党各界，团结坚固，不论军民，不分贫富。民族阵线，救国良方，四万万众，坚决抵抗。民主共和，改革内政，亿兆一心，战则必胜。还我河山，卫我国权，此物此志，永矢勿谖。经武整军，昭告列祖，实鉴临之，皇天后土
民国
党派领导人
革命志士

陕西黄帝陵在官祀历史延续性、现存文物数量等级等方面，皆优于其他黄帝陵。

由于历史上黄帝祭祀的多元性与复杂性，我国现存6处黄帝陵（《黄帝文化志》）。这些黄帝陵各有其历史依据与特色，如河南灵宝黄帝陵依据《史记·封禅书》所载“黄帝采首山铜，铸鼎于荆山下”，而确定为黄帝采铜、铸鼎、升天之处，并形成祭祀传统；河北逐鹿黄帝陵依据《史记》所载“合符釜山，而邑于逐鹿之阿”，而认为黄帝曾在此筑城，并形成祭祀传统。

但从官祀历史之延续性以及现存相关文物之数量等级来看，陕西黄帝陵均优于其他黄帝陵。

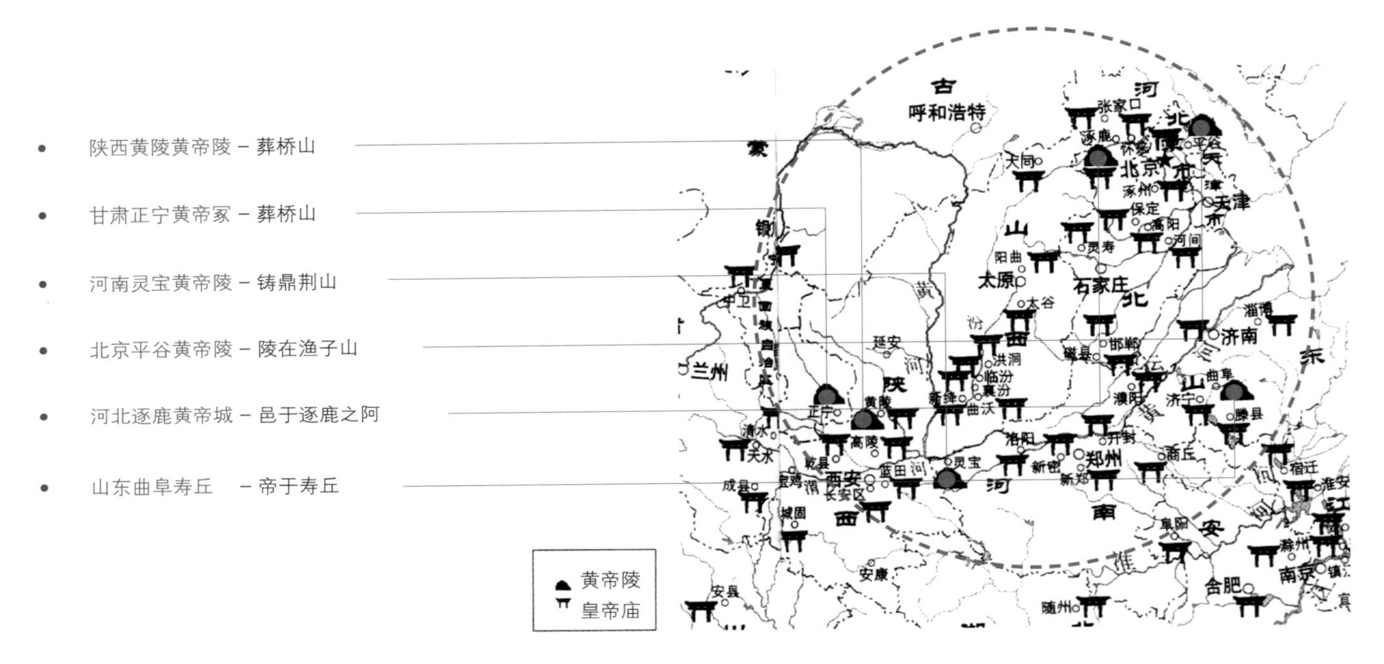

全国 6 处黄帝陵，72 处黄帝庙（含三皇庙）分布

全国现存6处黄帝陵相关信息

黄帝陵	历史依据	祭祀历史	现存文物
陕西黄陵黄帝陵	“葬桥山”（《史记·五帝本纪》）	汉；唐～近代	黄帝陵（第一批全国重点文物保护单位1961年）
甘肃正宁黄帝冢	“葬桥山”（《史记·五帝本纪》）	汉（传说）	——
河南灵宝黄帝陵	“黄帝采首山铜，铸鼎于荆山下”（《史记·封禅书》）	汉（传说）	北阳平遗址（新石器时代，第五批全国重点文物保护单位2001年）
北京平谷黄帝陵	“世传黄帝陵在渔子山”（明清志书）	汉（传说）	——
河北逐鹿黄帝城	“合符釜山，而邑于逐鹿之阿”（《史记·五帝本纪》）	秦、东晋（传说）	涿鹿故城（黄帝城）址（战国、汉，第一批省级重点文物保护单位1993年）
山东曲阜寿丘(陵)	“母曰附宝……生黄帝于寿丘”（《宋书·符瑞志》）	宋代	景灵宫遗址（宋代，市级重点文物保护单位）

除去桥山、沮水、衣冠冢等核心物质要素外，陕西黄帝陵还拥有历代官祀形成的古建筑、古碑刻、古柏群等丰富的历史文化遗存。它们是历史上在此官祀黄帝之正统性与延续性的重要证据，也构成今天展示中华祭祖文化、黄帝文化的重要历史文化资源。应对其开展更充分的发掘、整理、保护与展示。

悠久的官祀传统与丰富的历史文化遗存，是陕西黄帝陵的第二个特色。

黄帝陵历史建筑、碑刻、古柏类遗存

2.3 特色之三：陵—庙—城一体

秦汉封“陵”，唐宋建“庙”，明清筑“城”。历史上逐步形成了陕西黄帝陵“陵—庙—城”一体的完整空间格局。这一格局，与其他祖陵（如炎帝陵、舜帝陵）“陵—邑”分离的空间格局十分不同。

在黄帝陵“陵—庙—城”的空间格局中，“陵”与陵轴形成最早。公元前110年汉武帝“还祭黄帝冢桥山”并筑祈仙台，确定了陵轴，自此后世不断增修强化。

“庙”与庙轴形成于宋代。轩辕庙原在桥山之西，“宋开宝中移建于此（今址）”（《中部县志·祀典》）。由此确定了庙轴，后世屡有增修。

“城”与城轴的始建时间不详。今日可见之上、下城空间格局及残垣形成于明代。明成化年间始移县治于今

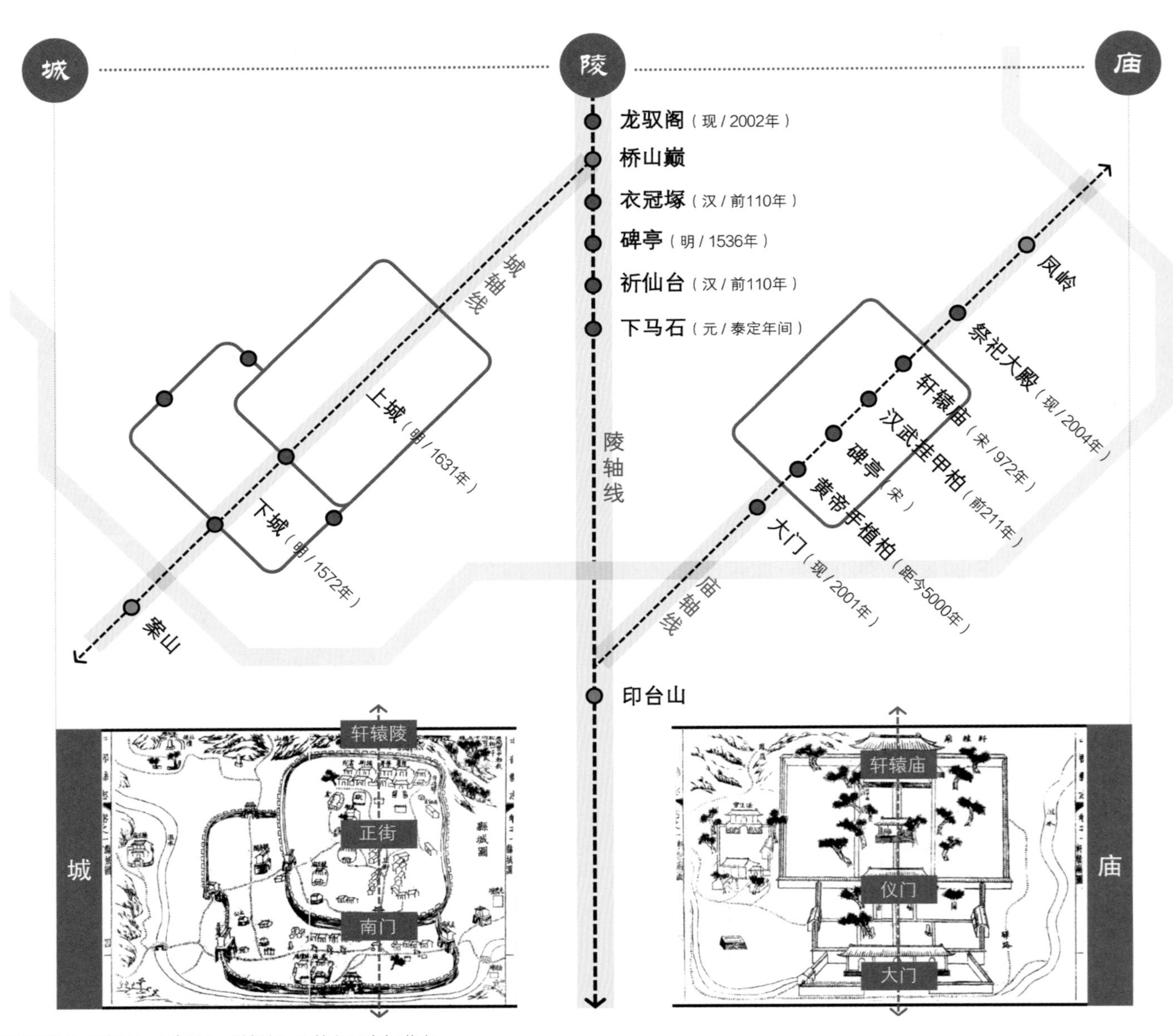

历史形成的“陵轴”“庙轴”“城轴”及其主要空间节点

址。隆庆六年（1572年）筑城，周310丈。崇祯四年（1631年）始筑上城，后又以地高多风，仍复旧城。清顺治十二年（1655年），复旧城制。乾隆三十年（1865年）重修县城，“其势依山，参差不整”，城垣周围864丈7尺。

“陵—庙—城”一体的空间格局至迟在明代已经形成，宋代建庙时或已有此考虑。清嘉庆《中部县志》中除《县境图》外，还绘有《县城图》《轩辕庙图》二图，说明“城—庙”并置格局的存在。在1969年的航拍图上，黄帝陵“陵—庙—城”一体的空间格局仍清晰可见。

“陵—庙—城”一体的空间格局，是陕西黄帝陵第三个空间特色。

1969 年航拍图上的“陵—庙—城”空间结构（底图来源：航拍图来自美国地质调查局）

2.4 特色之四：古城格局庄正

明清时期建设形成的黄陵古城（中部县城），具有“前案后镇，格局庄正”；“鱼骨路网，依山抬升”；“城尽山现，风景入城”；“城垣民居，遗存丰富”的空间特色。

（1）前案后镇，格局庄正

县城总体上位于桥山南部向西南延伸至沮水畔的分支落脉上，北高南低。县城以正街（轩辕街）为南北主轴，向北正对桥山之巅，向南正对一凸起于台塬之“案山”。

（2）鱼骨路网，依山抬升

古城主干道基本垂直于等高线，呈南北向；支路则平行于等高线，呈东西向布置。全城络网整体上形如鱼骨，自南而北依山抬升。

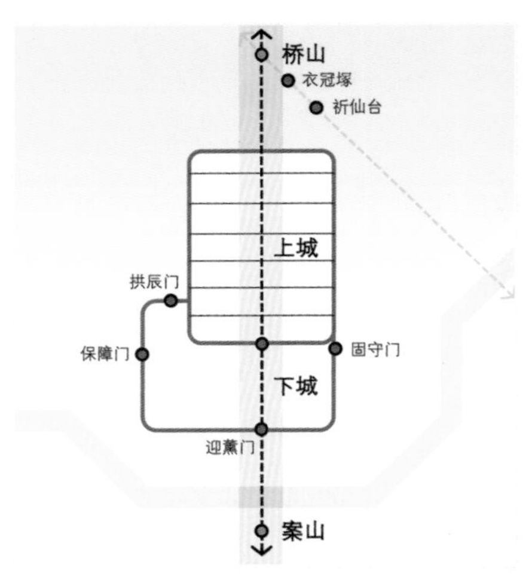

黄陵古城南北主轴线

• 前案后镇，格局庄正

自古城主轴（轩辕街）南北望对景

• 鱼骨路网，依山抬升

古城的鱼骨状路网

（3）城尽山现，风景入城

由于古城整体上以桥山支脉为基，东、西垣城皆建于陡峭崖壁之上。自东、西城垣向外远眺，地势高爽，视野开阔，群山、沮水环抱之势，尽收眼底。

（4）城垣民居，遗存丰富

城内正街两侧尚存有部分明清时期的古民居建筑，有夯土窑洞建筑，亦有砖木结构建筑，具有陕北特色，是古城内宝贵的建筑遗产。

格局庄正、依山而建的黄陵古城是陕西黄帝陵又一空间特色。

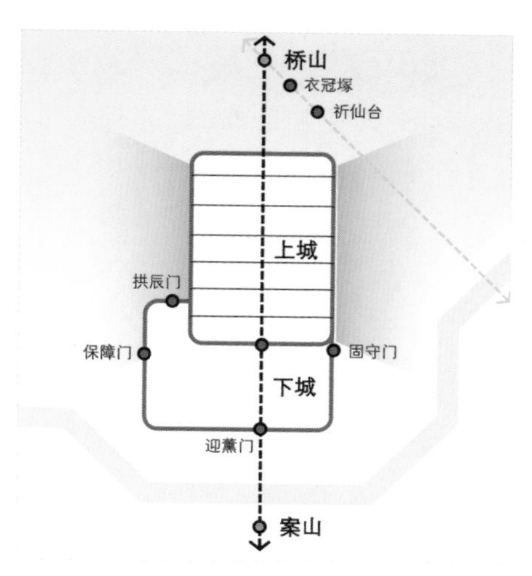

黄陵古城东西向开敞景观

• 城尽山现，风景入城

自古城东、西城垣向外远眺之景观

• 城垣民居，遗存丰富

古城传统民居

3 问题

3.1 山水格局渐失

城市建设用地不断增加，蚕食着桥山沮水的山水格局。

自20世纪末以来，黄陵县城规划多次修编，规划建设用地不断增加。2009年城市建设用地为381hm²，在2010年总体规划修编时规划增加至792.5hm²。城市规划建设的“增量思维”使得黄陵县城规模不断扩大，侵蚀着祖陵气势赖以维系的山水格局。

甚至桥山本体也遭到破坏，其朝向印池一侧的山坡面创伤严重，影响桥山及黄帝陵山水格局的完整性。

桥山山体完整性遭到破坏

• 黄陵县相关规划编制

1985年，编制第一版黄陵县城总体规划（1985—2000）。

1995年，县城总面积2.66km²。

2001年，修编黄陵县城总体规划（2001—2020）。

2009年，县城建设用地381hm²。

2002年，“黄帝陵风景名胜区”列入国家级风景名胜区。

2008年，编制《黄帝陵国家重点风景名胜区总体规划》。划定“陕西黄帝文化园区”。

2010年，修编《黄陵县城总体规划（2010—2030）》，远期规划建设用地792.5hm²。

2011年，编制《黄帝文化园区总体规划（2011—2030）》，规划建设用地485.35hm²。

2017年，修编《黄帝陵风景名胜区总体规划（2017—2030）》。

2018年，拟设立“黄帝陵国家文化公园”，编制规划。

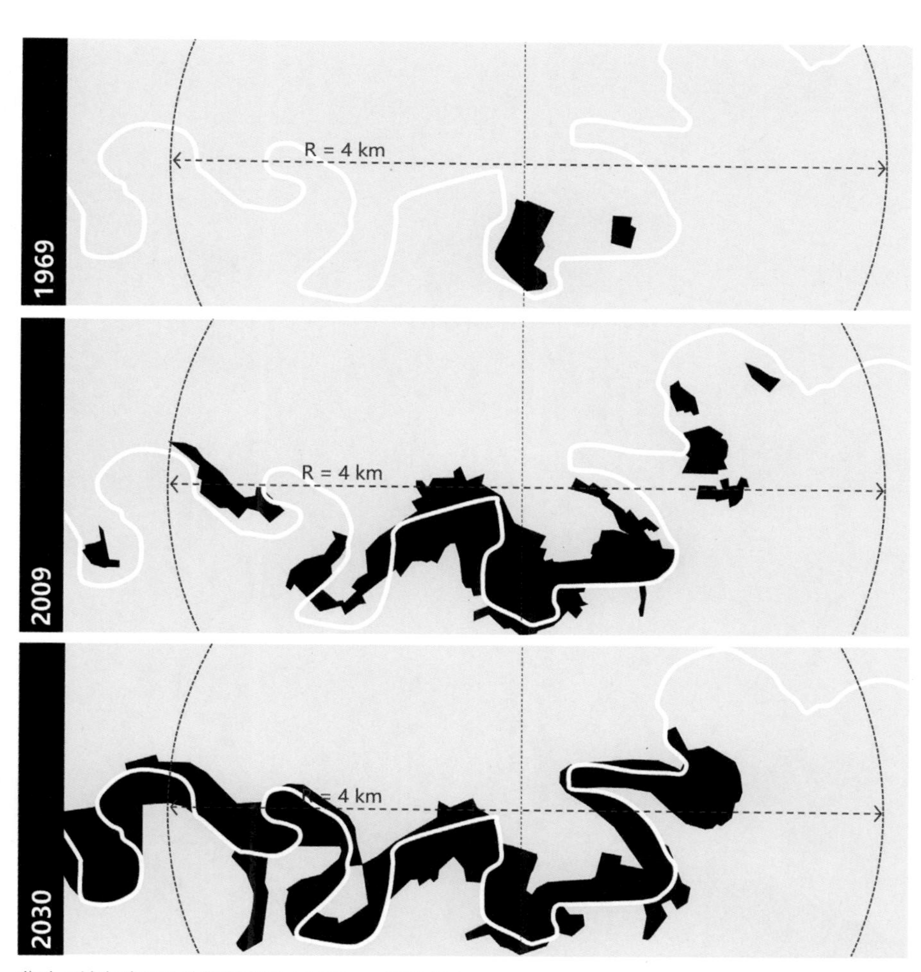

黄陵县城市建设用地规划变迁（1969 ~ 2030 年）

3.2 城庙关系失衡

现状黄帝陵、庙划定为景区，实行封闭式管理，与城隔离，造成“陵—庙—城”交通联系不便，祭祀线路单一而曲折。

同时，古城承担了过多的行政管理及生产生活功能。古城原本庇弦承担的历史文化展示、祭祀旅游服务等功能难于发挥。

总体而言，历史上长期形成的“陵—庙—城”一体的空间格局及其分工特色遭到破坏。

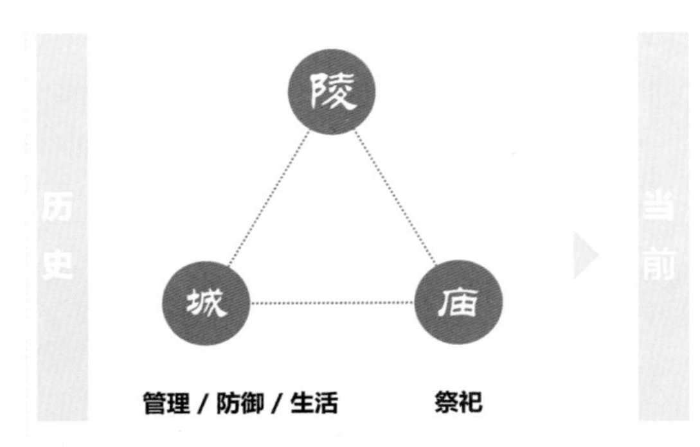

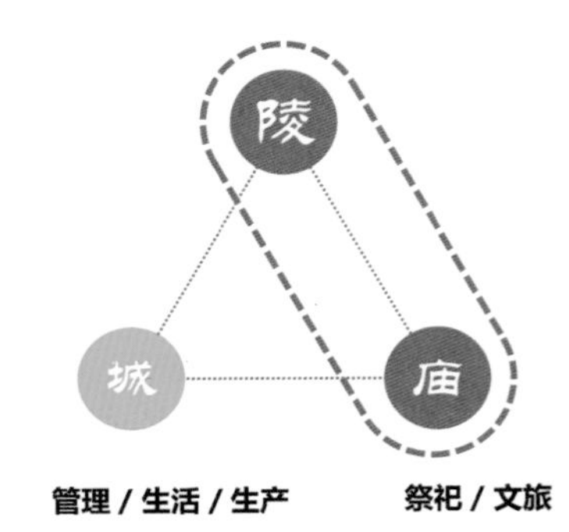

古今“陵—庙—城”分工及管理变化

“陵、庙”与“城”管理分隔

3.3　城市特色零落

老城一带，历史形成的空间格局尚存，但建筑基本为20世纪80年代以来建设的低层及多层现代建筑，缺乏文化特色。城市公共空间环境亦缺乏对黄陵深厚历史文化的提示与表现。总体上，其城市环境与中华祖陵所应体现的文化特色存在差距。

此外，县城内支撑祭祀、旅游的相关服务设施不足，档次不高。特别是每年清明公祭时，仍需要在27km外的店头镇和200km外的西安市安排大部分宾客的住宿及接待，交通、行程组织十分不便。

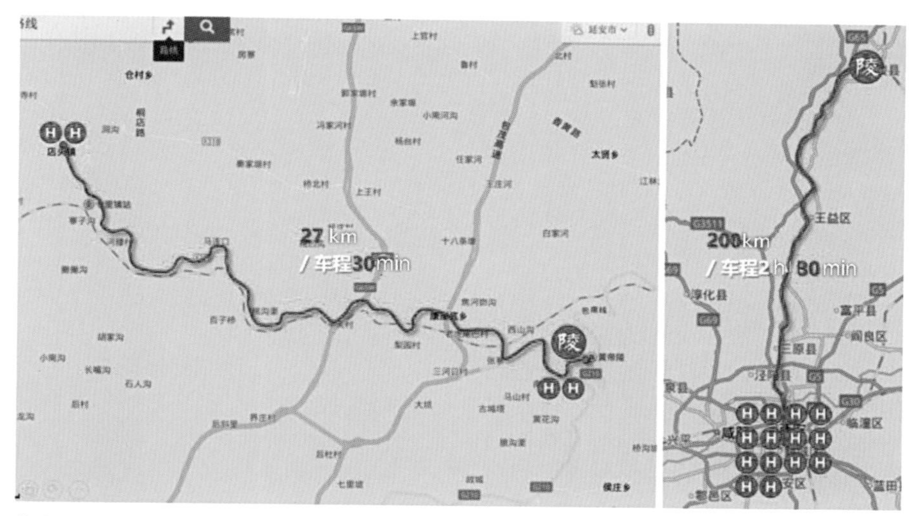

黄陵县及周边市县酒店数量、距离比较

古城建筑风貌现状

古城建筑风貌现状（东门口、西城墙外、正街）

3.4 谒陵线路失序

陵轴隐蔽，庙轴雄阔，主次不清。“陵轴”为黄帝陵主轴，隐蔽于桥山古柏群中，不易察觉。“庙轴”为次轴，横亘于桥山东麓，粗壮有力，醒目突出。次轴的突显，使得主轴气势不足，整体感被削弱。

陵、庙分离，谒陵线路曲折单一。由于陵轴段与庙轴段在空间上不连续，使得祭祀谒陵线路颇为曲折。中间联络线约需步行20min，并缺乏空间节点的组织与引导。

黄帝陵“陵轴”与“庙轴”空间关系

庙轴

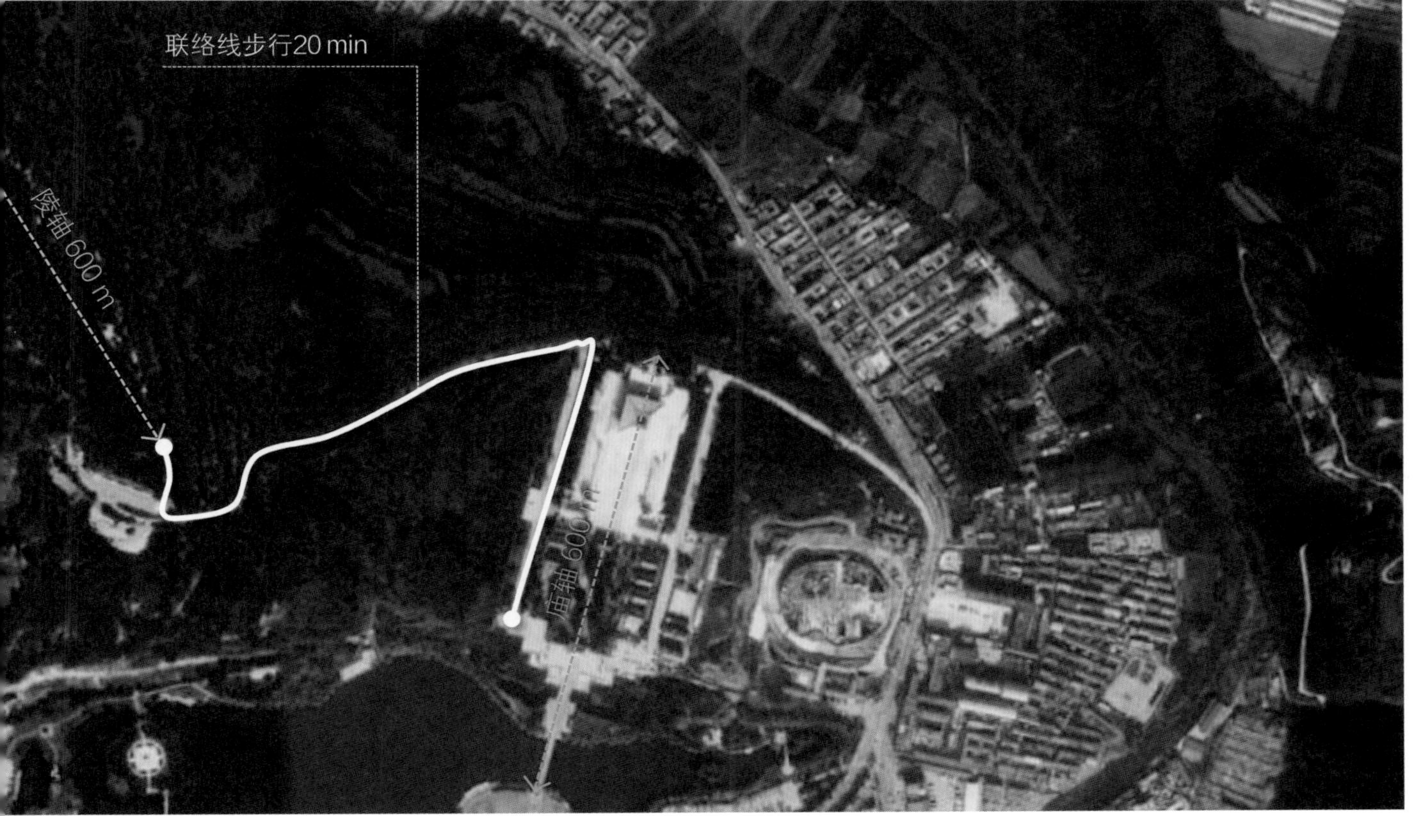
联络线步行20 min
陵轴 600 m
庙轴 600 m

4　目标

4.1 国家文化公园的提出

2017年5月，《国家“十三五”时期文化发展改革规划纲要》提出，要“依托长城、大运河、黄帝陵、孔庙、卢沟桥等重大历史文化遗产，规划建设一批国家文化公园，形成中华文化重要标识”。

2017年1月，中共中央办公厅、国务院办公厅印发《关于实施中华优秀传统文化传承发展工程的意见》，提出规划建设一批“国家文化公园”，形成中华文化重要标识。

在首批计划建设“国家文化公园”的5处重大历史文化遗产中，“黄帝陵”是唯一一处作为“中华祖陵”被列入的遗产，它不仅代表着中华文明的高度，还象征着中华文明的源头。

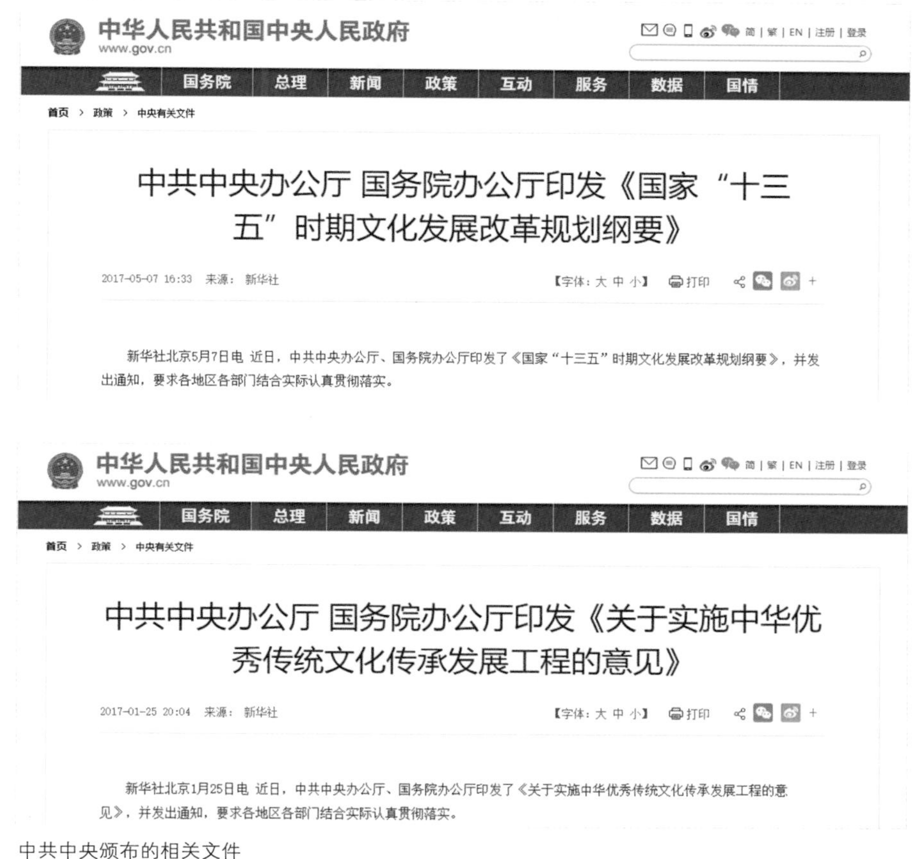
中华人民共和国中央人民政府
www.gov.cn
国务院 总理 新闻 政策 互动 服务 数据 国情
首页 > 政策 > 中央有关文件

中共中央办公厅 国务院办公厅印发《国家“十三五”时期文化发展改革规划纲要》

2017-05-07 16:33 来源：新华社 【字体：大 中 小】 打印

新华社北京5月7日电 近日，中共中央办公厅、国务院办公厅印发了《国家“十三五”时期文化发展改革规划纲要》，并发出通知，要求各地区各部门结合实际认真贯彻落实。

中华人民共和国中央人民政府
www.gov.cn
国务院 总理 新闻 政策 互动 服务 数据 国情
首页 > 政策 > 中央有关文件

中共中央办公厅 国务院办公厅印发《关于实施中华优秀传统文化传承发展工程的意见》

2017-01-25 20:04 来源：新华社 【字体：大 中 小】 打印

新华社北京1月25日电 近日，中共中央办公厅、国务院办公厅印发了《关于实施中华优秀传统文化传承发展工程的意见》，并发出通知，要求各地区各部门结合实际认真贯彻落实。

中共中央颁布的相关文件

首批5个“国家历史文化公园”相关信息

重大历史文化遗产	保护等级	遗产类型	重大意义
长城	首批国家级文物保护单位（1961年）、世界文化遗产（1987年）	防御工程	文明高度
大运河	世界文化遗产（2014年）	交通水利工程	文明高度
黄帝陵	首批国家级文物保护单位（1961年）	中华祖陵	文明高度、文明源头
孔庙	首批国家级文物保护单位（1961年）、世界文化遗产（1987年）	儒学圣地	文明高度
卢沟桥	首批国家级文物保护单位（1961年）	战争纪念地	重大战争

4.2 国家文化公园的要求

2017年9月，中共中央办公厅、国务院办公厅印发《建立国家公园体制总体方案》，对国家公园的设立主体、内容功能、建设目标、管控要求等均做出明确规定。

依据上述规定，我们认为：

（1）国家文化公园应由国家设立，并主导管理；

（2）国家文化公园应以国家文化保护为首要功能，兼具展示、纪念、教育、研究、游憩等综合功能；

（3）国家文化公园建设的具体目标应包括：

①保护标志性历史文化及遗存；

②展现中华文化的精髓与内涵，辅助文化教育，增强文化认同；

③提升文化自信，激发民族自豪感等。

国家公园	
主体	国家设立，主导管理
内容	具有国家代表性，代表国家形象，彰显中华文明
功能	以自然生态保护为首要功能，兼具科研、教育、游憩等综合功能
目标	有效保护国家重要自然生态系统的原真性、完整性 开展自然环境教育，激发保护意识； 提供民众亲近自然机会； 增强民族自豪感
管控	严格规划建设管控，禁止无关开发建设

国家文化公园	
主体	国家设立，主导管理
内容	具有国家代表性，代表国家形象，彰显中华文明
功能	以国家文化保护为首要功能，兼具展示、纪念、教育、研究、游憩等综合功能
目标	保护标志性历史文化及遗存； 展现中华文化的精髓与内涵 辅助文化教育，增强文化认同 提升文化自信，激发民族自豪感
管控	严格规划建设管控

对标中央对“国家公园”的要求，推测对“国家文化公园”的基本要求

4.3 “黄帝陵国家文化公园”的规划设计定位与原则

基于前述研究，“黄帝陵国家文化公园”的规划设计应力求：

（1）站位国家高度，明确规划设计 的任务，是塑造中华文明圣地；

（2）展现历史厚度，保护山水格局，优化“陵—庙—城”结构；传承两千年来对中华始祖官方祭祀传统；

（3）凝聚情感深度，升华空间环境，帮助提升中华民族文化自信、文化认同与民族自豪感。

据此，本次“黄帝陵国家文化公园”规划设计提出坚持“尊重历史，发掘特色，解决问题，因地制宜，积极创造”的基本原则。

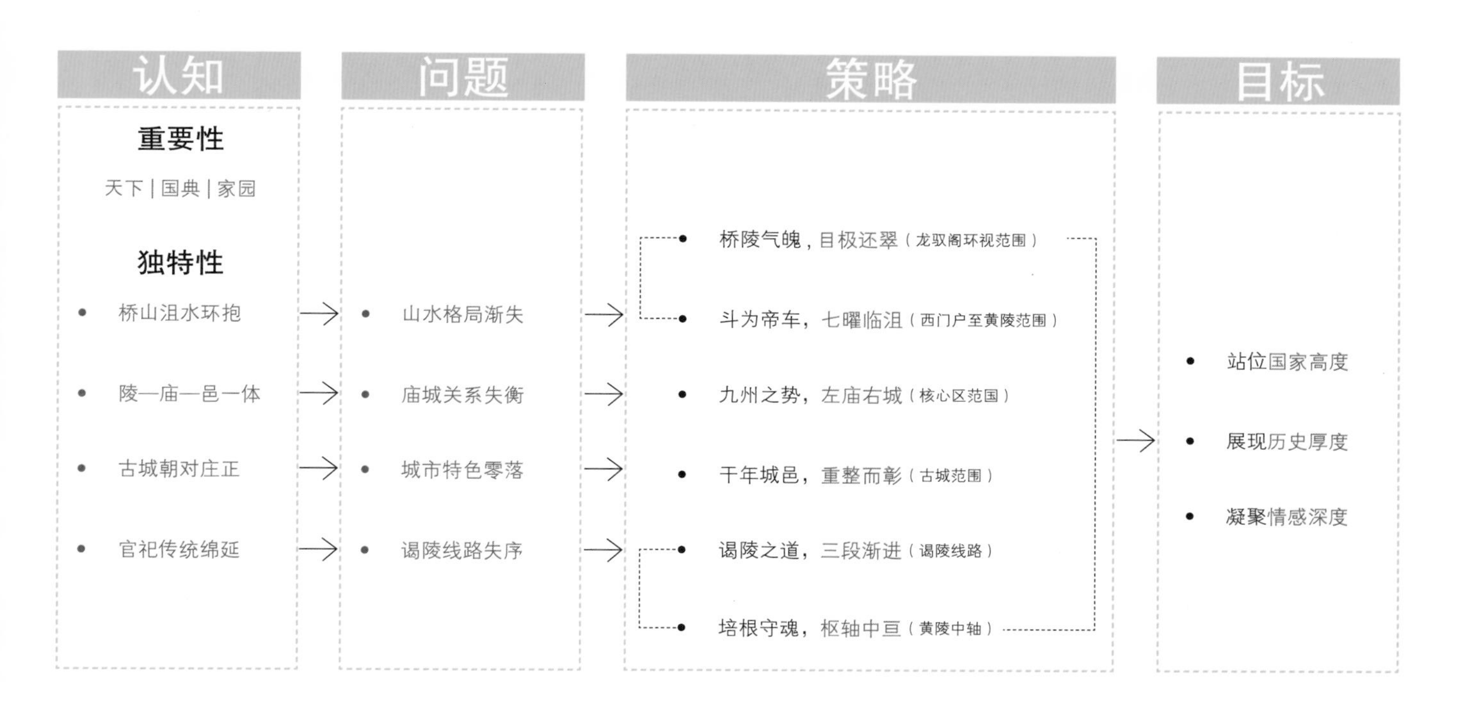

本规划设计的主要工作框架

5　策略

以站位国家高度、展现历史厚度、凝聚情感深度为目标，通过六方面的规划策略，解决山水格局渐失、庙城关系失衡、城市特色零落、谒陵线路失序四大问题。进一步强化黄帝陵作为“天下·国典·家园”的精神标识、国典祭祀和人居家园三者合一的圣地场所。

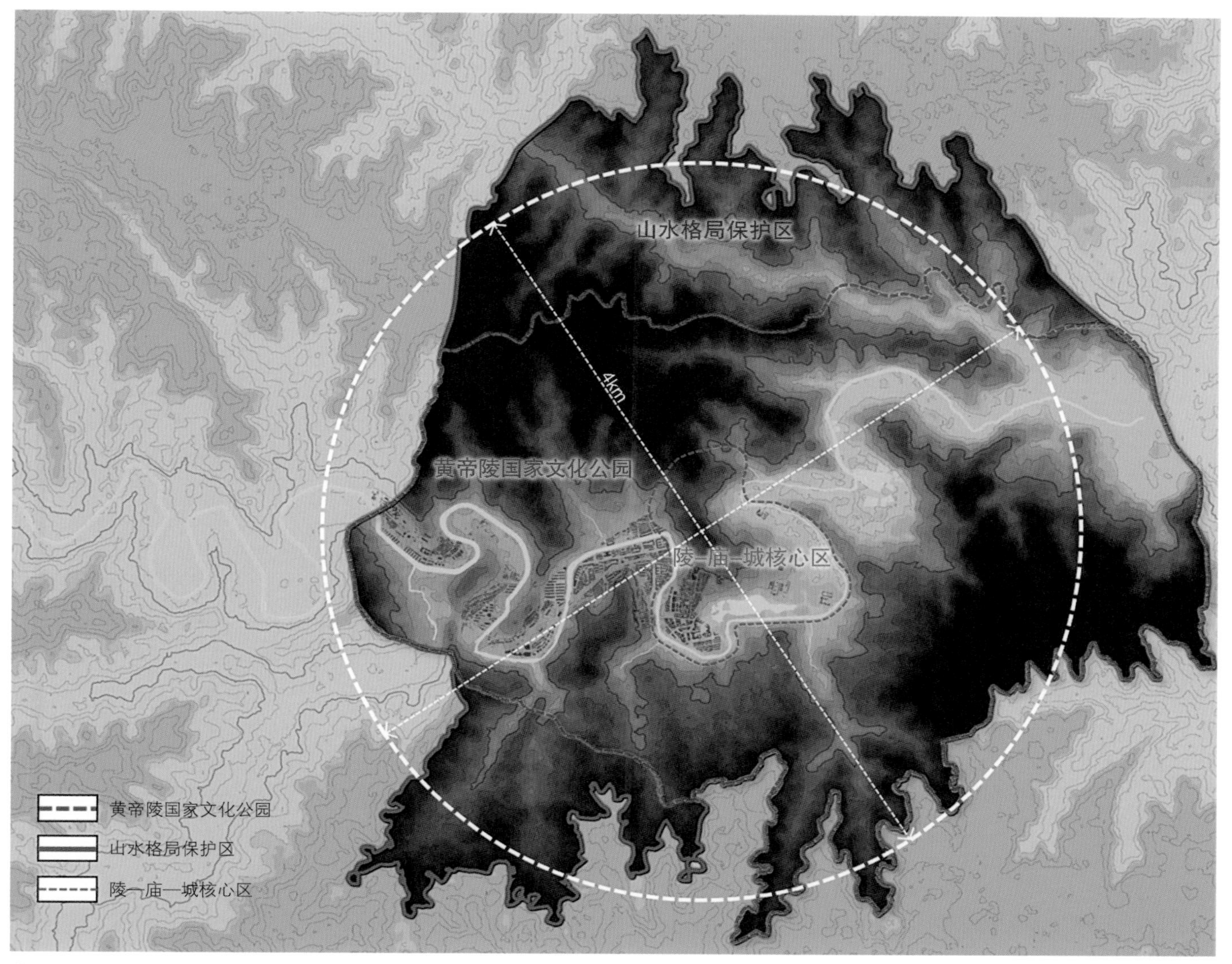

黄帝陵文化公园与各级保护区范围

5.1 桥陵气魄，目极环翠

1. 划定和统筹国家文化公园与各级保护区范围

为维护和强化黄帝陵作为国家圣地的圣地感，恢复关键地区的历史面貌，重塑整体空间的环境氛围，根据分级保护管理的原则，划定国家文化公园、环境保护区和“陵—庙—城”核心区三级保护区。

第一，依据自龙驭阁环顾四周、目极所至的要求，将黄帝陵依托的山水整体环境纳入黄帝陵国家文化公园范围。黄帝陵国家文化公园的北界为北孟塬北，东界为龙首村，南界为长寿山，西界为仰龙山，面积约39km²。

第二，依据保护黄帝陵国家文化公园周边生态环境的要求，在国家文化公园范围外划定山水格局保护区范围，面积约63km²。保护区内采取减量环翠策略，拆除不符合国家文化公园定位的建筑物，限制新建建设，对有价值的要素进行保护和提升。

第三，在黄帝陵国家文化公园内划定“陵—庙—城”核心区范围，面积约4km²。控制建设强度，引导建设形态及建筑风格，促进圣地感的形成。

上述三个范围边界的划定主要从目极环翠、山川形理、文态保护和规划协调4个方面的考虑。具体而言：

（1）目极环翠。依据制高点（龙驭阁）主要视域范围作为视线管控区，管控周边环境的视域环境以营造圣地感。通过GIS视线分析，计算出站在龙驭阁顶上目之所及的范围，结果与黄土塬边界（1000m等高线）关系明显。从“可行、可望、可游、可居”的角度出发，在龙驭阁的视域范围内的所有活动应在管控要求之中。

（2）山川形理。参考黄土塬和河流的自然地理界线，划定保护区的边界范围，实现生态环境的保护管控。管控边界参考黄土塬边线（1000m等

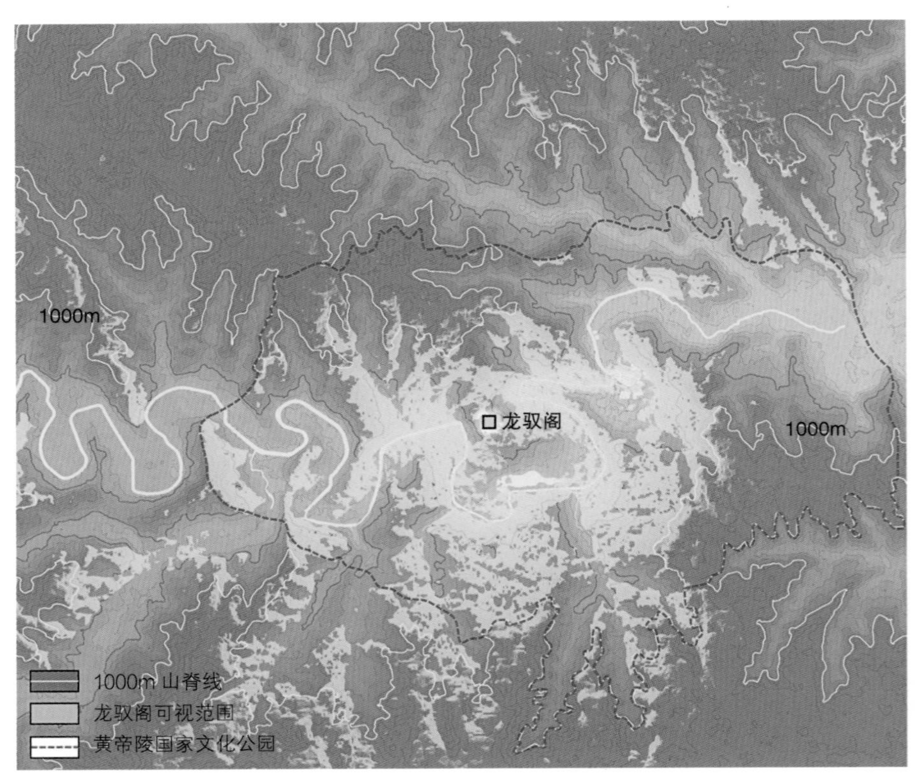

自龙驭阁环视可见范围与黄帝陵国家文化公园范围

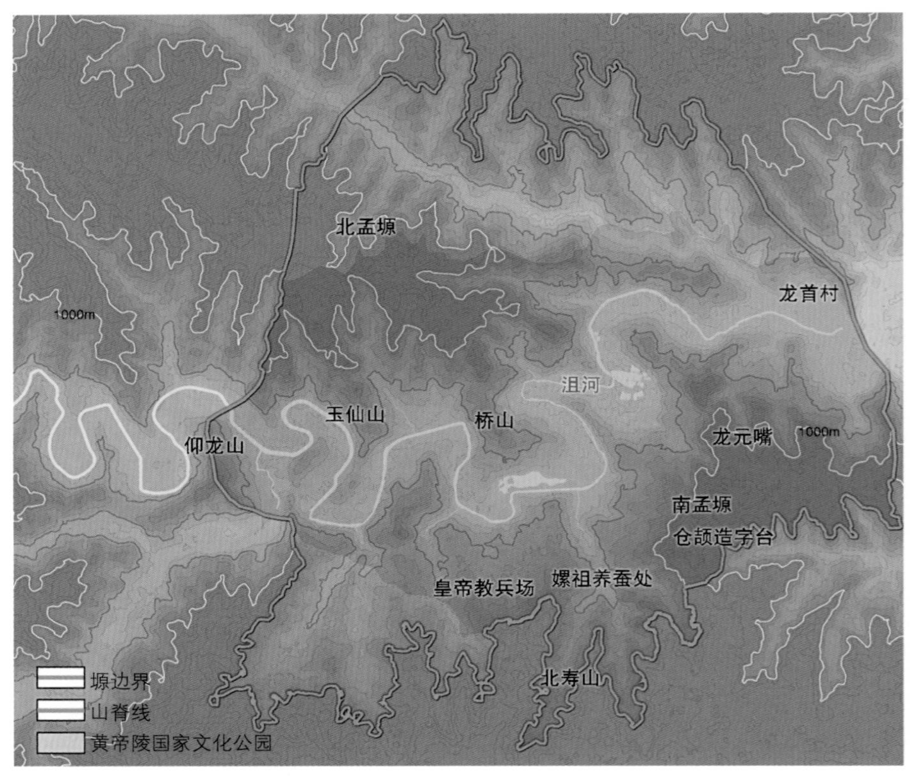

黄土地形自然地理边界与黄帝陵国家文化公园范围

高线）、山脊线等自然地理界线。

（3）文态保护。保护龙形山水特征，将900m等高线所构成的“龙形”地域纳入管控范围。保护相关的龙文化要素，包括周边的龙首村、元龙咀、仰龙山等，将“龙文化”或黄帝文化的地理要素纳入管控范围。

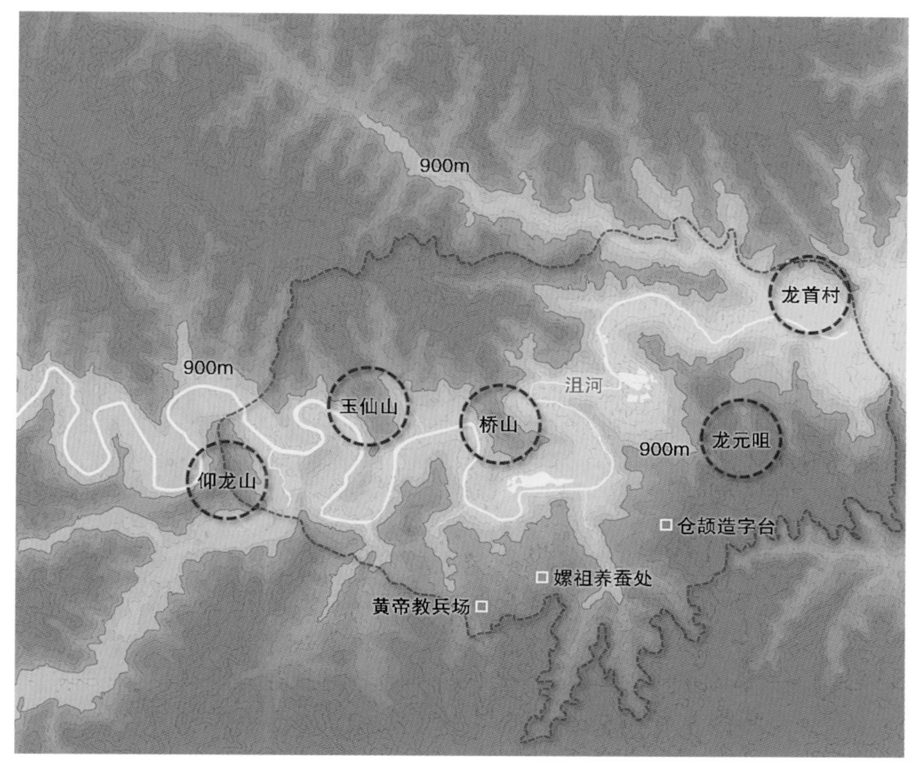

龙形山水格局与黄帝陵国家文化公园范围

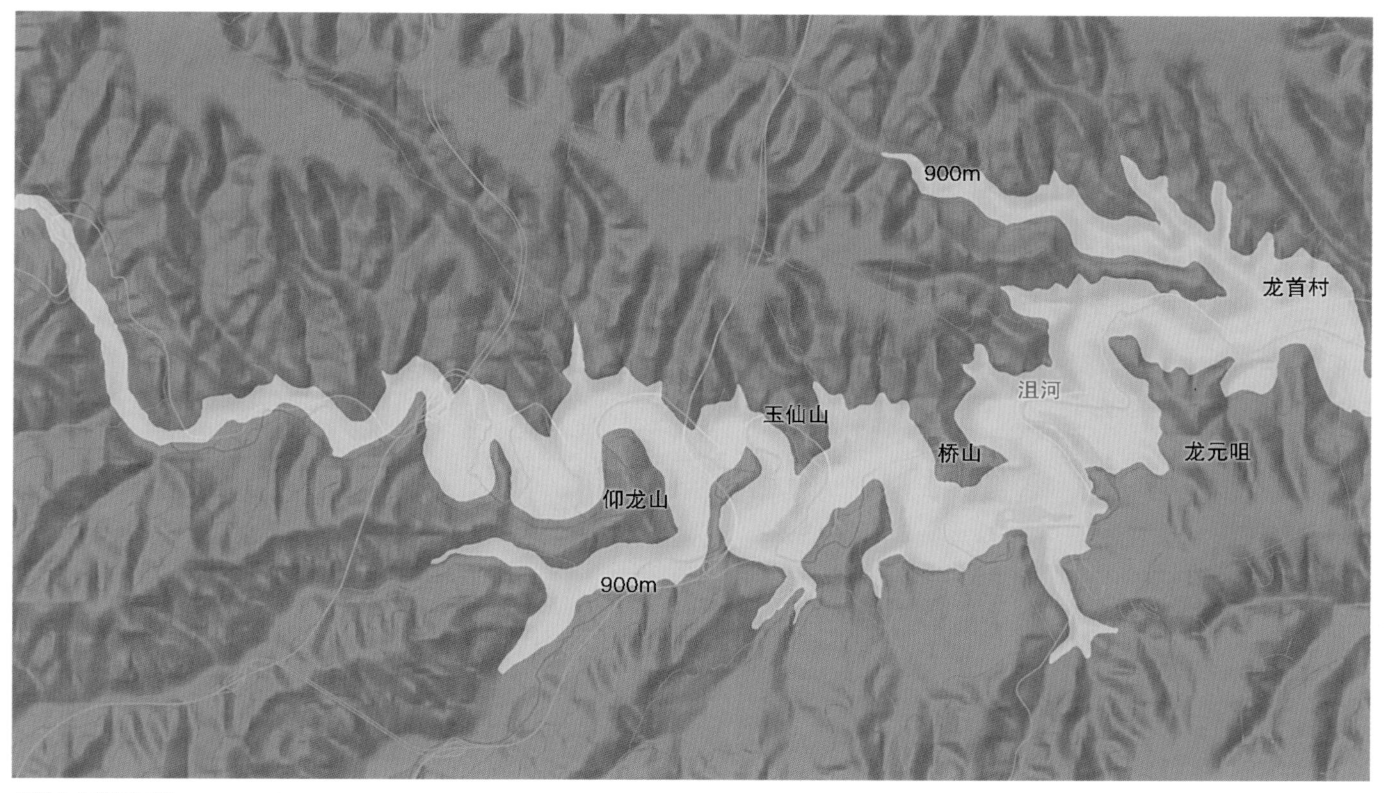

龙形山水格局示意

（4）规划协调。将黄帝陵国家文化公园建议范围与上位规划中的各级保护区范围进行协调。上位规划包括1993年公布的《整修黄帝陵规划大纲》（以下简称规划大纲）、2011年公布的《黄帝文化园总体规划（2011—2030年）》（以下简称文化园规划）和2017年公布的《黄帝陵风景名胜区规划（2017—2030年）》（以下简称风景区规划）。规划大纲划定的三级保护区和文化园规划划定的文化园范围一致，主要考虑体现“山—水—庙”的关系、谒陵活动所及的范围、空间地域缓冲区和陵园的保护与管理，总面积24km²。风景区规划从资源分级保护的角度出发，划定了一、二、三级保护区。一、二级保护区基本对应规划大纲中的二、三级保护区，并划定了更大范围的三级保护区，以带动周边资源的合理利用，增加风景区的丰富性，总面积69km²。

黄帝陵国家文化公园的范围划定考虑涵盖黄帝文化园范围（即规划大纲中的三级保护区、风景区规划中的二级保护区），并加以适当调整。

2. 分区以对，明确管控

在国家文化公园、环境保护区和核心区三个不同的区域中，建设规模的控制和生态环境的保护是通用的管控要求。黄陵县的城市功能布局进一步向国家文化公园之外的西侧地区聚集，逐渐迁出国家文化公园内与主题无关的功能，逐步消减现有建设规模。其中，在黄帝陵国家文化公园内，基于历史环境恢复、整体氛围塑造等原则，以“保护提升”、“建设管控”、“减量环翠”三种策略进行分区控制：

核心区中的桥山山体部分，以保

诸版规划范围及划定依据

规划名称	保护区范围	保护区面积（km²）	划定依据
《整修黄帝陵规划大纲》（1993年）	北界为墓冢北海拔1021m峰北（孟家塬南）； 东界为刘家川以东的东山岭岭脊； 南界为汉代周家洼遗址之南； 西界为肖家川（老虎尾巴）之西	24	• 有利于体现“桥山即黄帝陵”的规划思想以及桥山、沮水与庙的关系； • 谒陵活动所及的范围； • 使陵园与县城城区的外围景区具有一定的空间地域界限； • 便于陵园的保护和管理
《黄帝文化园总体规划（2011—2030年）》			
《黄帝陵风景名胜区规划（2017—2030年）》		69	• 资源分级保护
本规划	北界为北孟塬北； 东界为龙首村； 南界为长寿山； 西界为仰龙山	63	• 保护龙形山水特征关键地带； • 参考制高点（龙驭阁）视域范围； • 黄土地貌自然地理界线； • 协调上位规划保护范围

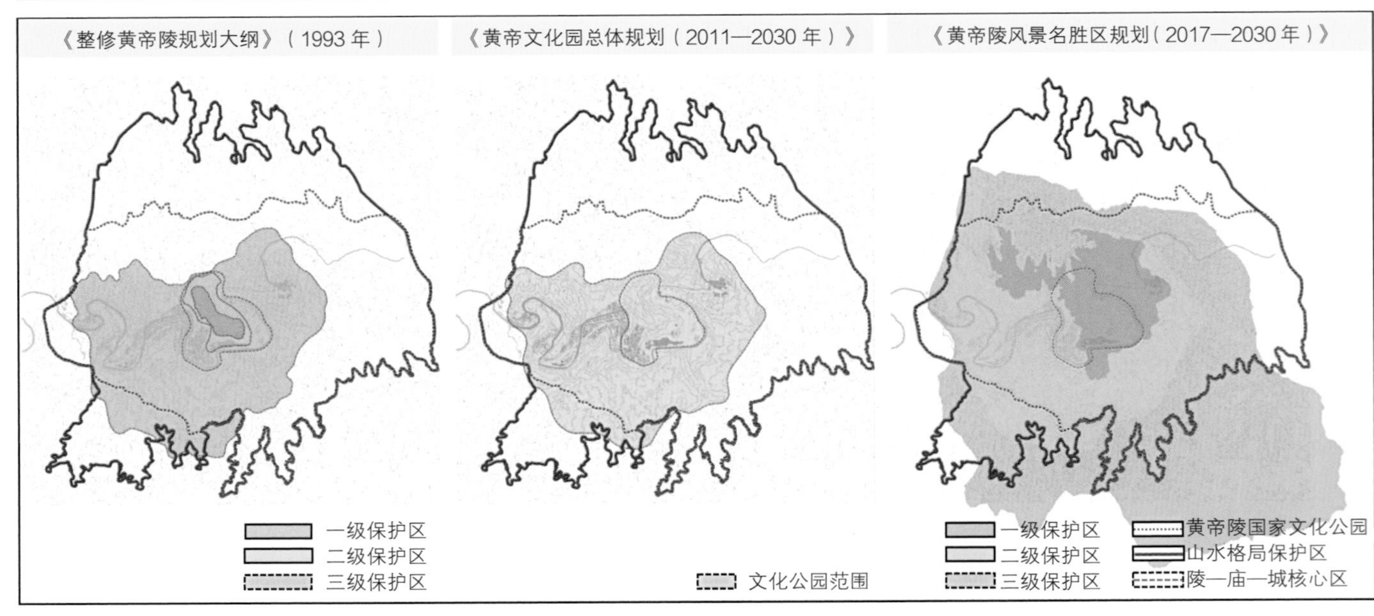

相关规划中的保护范围与黄帝陵国家文化公园范围

护提升为主，根据《文物保护法》规定的“保护为主、抢救第一、合理利用、加强管理”的方针，切实进行保护；新的建设行为均应进行合理性论证并编制相关规划，经过专家评审。

老城、门户服务区等片区以旅游服务功能为主，近期建设在建筑功能、建筑高度和建筑风貌上进行管控，确保与圣地感的营造目标相一致。

除上述地区外，近期严格控制增量，远期除少量公共节点地区外，逐步拆除，减量还翠。

3. 选取主要视点，保证远望桥陵获得较完整的山形景观

选取国家文化公园内可看见桥山黄陵的5个主要公共节点地区，包括服务中心、华夏书院、接待中心、游憩广场、研究中心等，保证在节点处桥陵获得较完整的山形景观。

利用GIS平台进行视线分析，以五个节点作为视点，以桥山的910m等高线为视物，通过划分50m×50m的空间单元，分别计算5个节点控制下各空间单元的最高建筑高度，并生成对应的栅格图。将5个节点计算的栅格图进行叠加分析取最小值，计算出各空间单元的最高建筑高度，这即是不遮挡桥山视线的建筑高度允许值。

与计算出的建筑高度允许值对比分析，大部分现状建筑高度在允许值之下，但也有少量建筑突破该高度，形成了视线遮挡。因此建议对超高遮挡了桥山视线的现状建筑，进行降层改造，或者拆除处理。对新的建筑，应严格控制其高度。

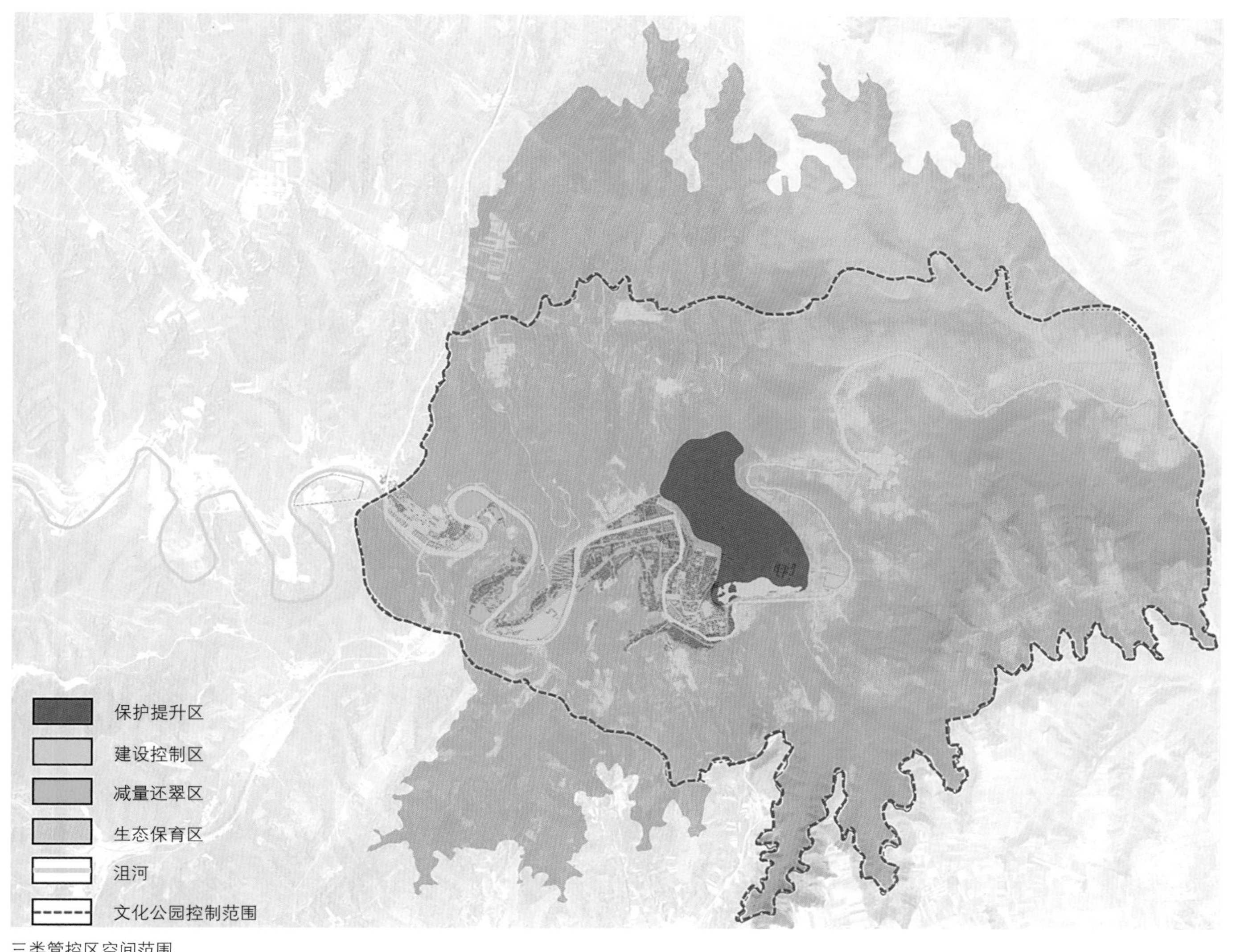

三类管控区空间范围

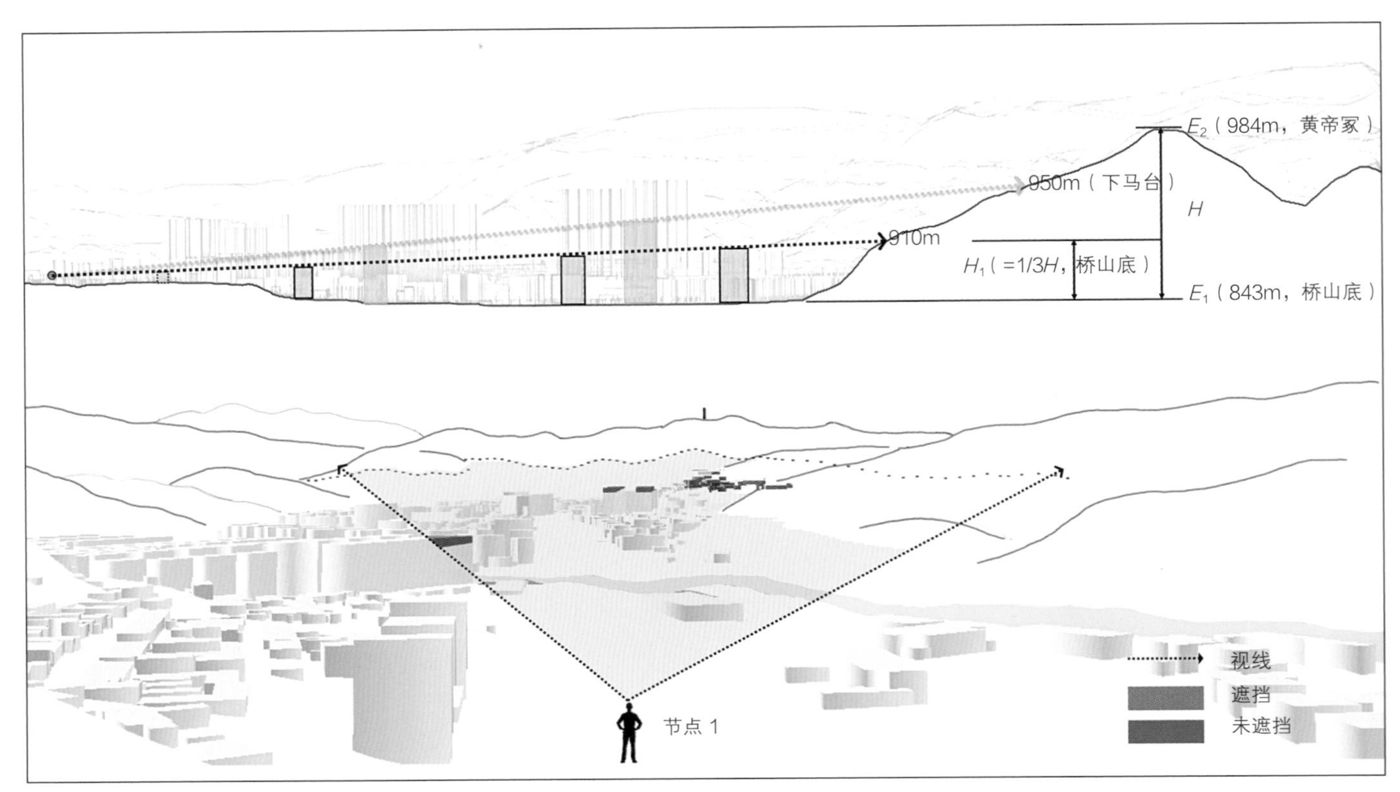

山形景观保护方法示意

桥山山形效果

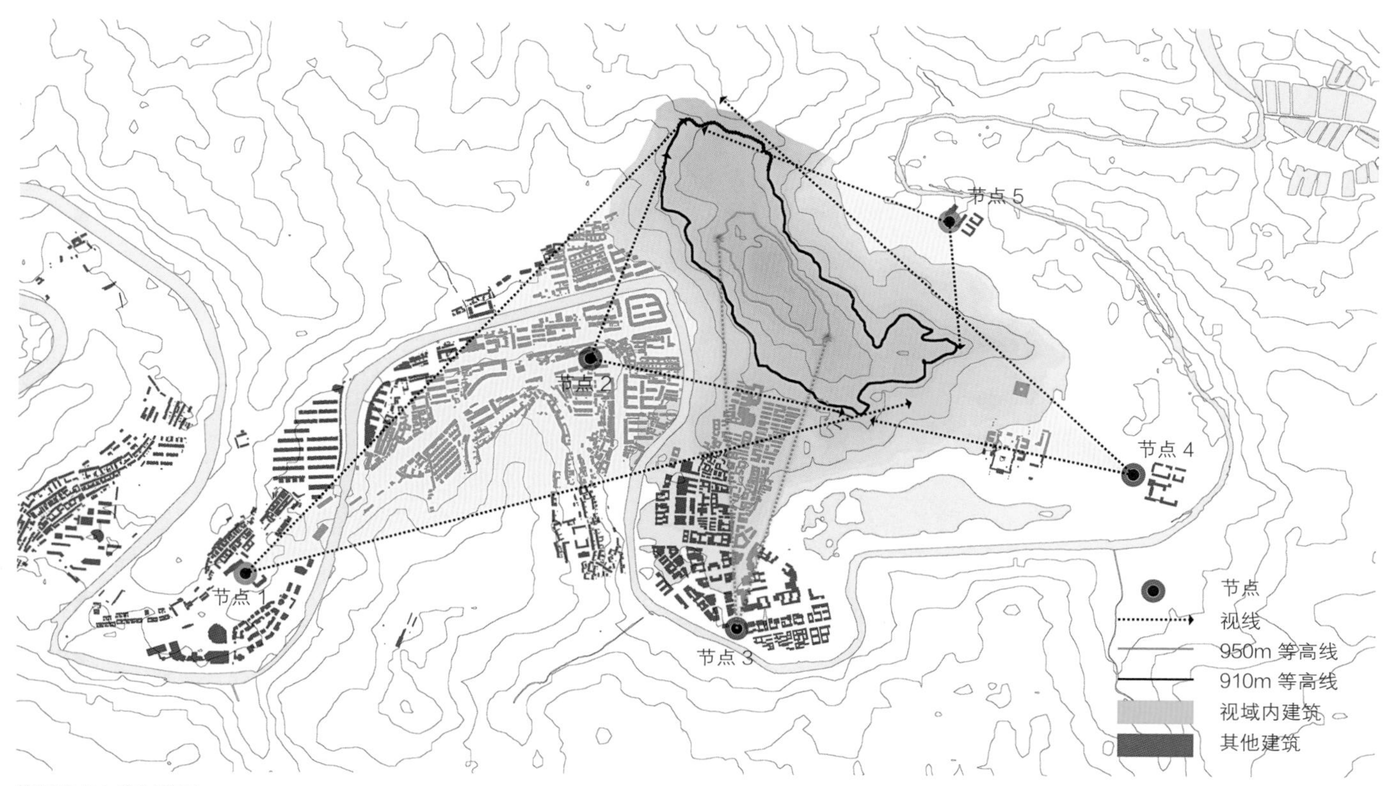

控制节点与控制范围

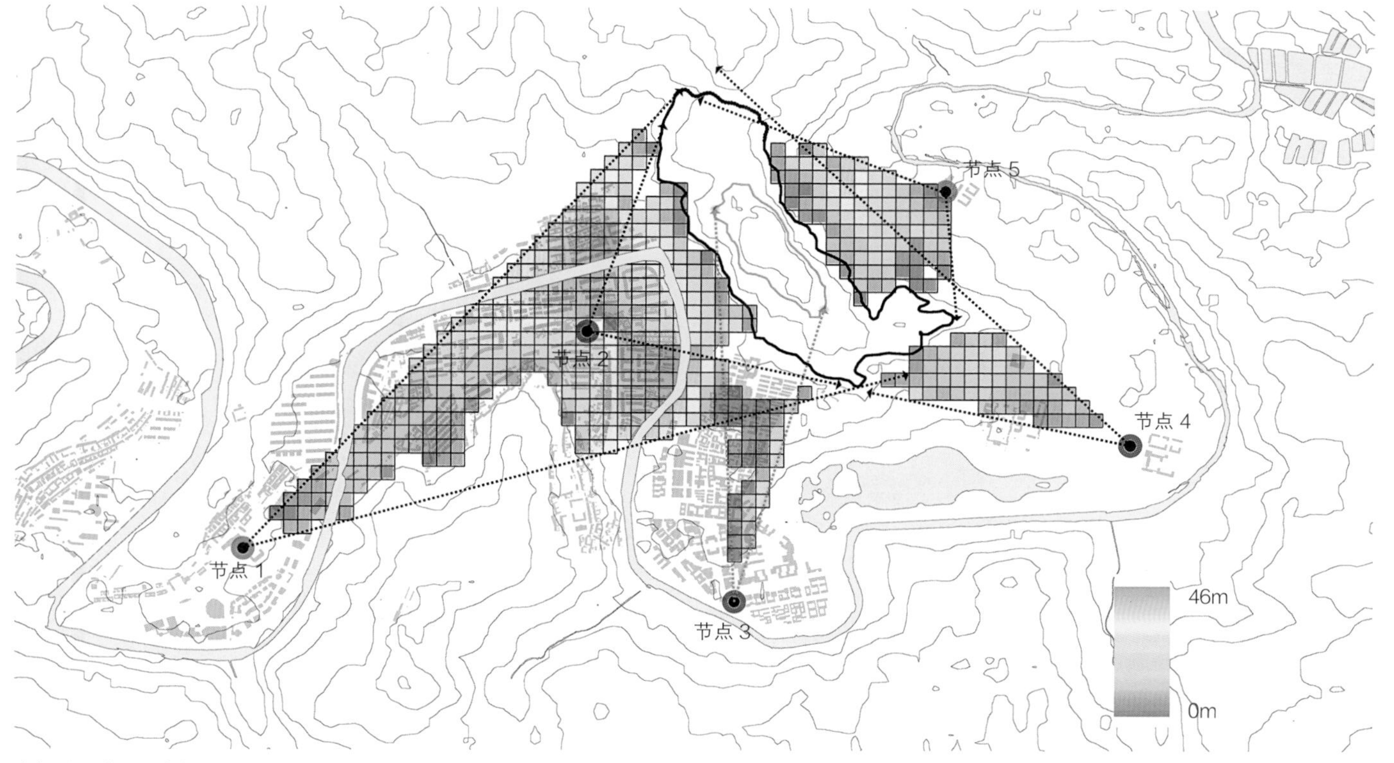

空间单元建筑高度控制

4. 顺势营水，复映桥山

明代万历《中部县志 · 山川》记载，“桥山，县城北，沮水从山下过，故曰桥。今地形下水由县城南绕而东。”这段记载表明，桥山的名称来源于特殊的山水特征，但是否真的曾经“从山下过”，目前不得而知。1970年的卫星影像表明，在桥山的东湾和西湾，曾有大规模的水面，这与调研中当地老人的记忆相佐证。由于桥山两侧均为水面，远远望去像一座“桥”，与司马迁所记“皇帝崩，葬桥山”产生联系。由于大规模城市建设，如今东湾、西湾的水面已不复存在，“桥山”的山水格局意象发生变化，削弱了桥陵的圣地感。规划从重塑文化景观的角度，顺势营水，复原两处水面，打造桥山映水的风景，增加桥山的气势。

西门户至核心区范围现状

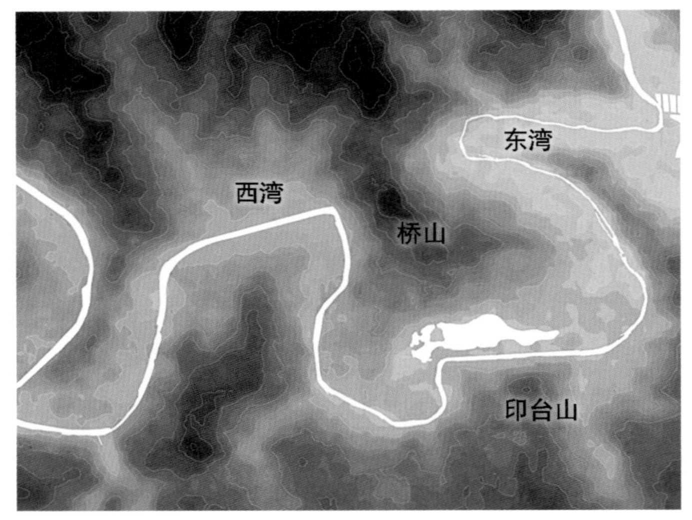

山水格局现状

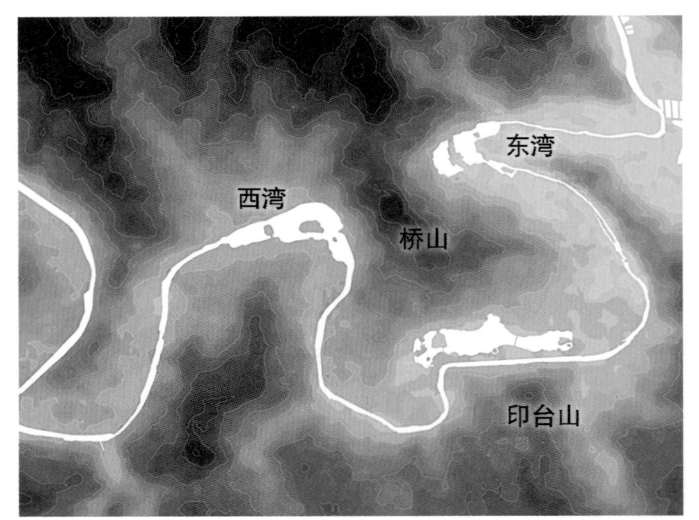

山水格局规划意向

西门户至核心区范围现状

5.2 斗为帝车，七曜临沮

先民仰观天象，俯察地理，北斗七星高悬北天，在天象中最为引人注目。七颗星都有专门的名称，第一星曰天枢，二曰璇，三曰玑，四曰权，五曰玉衡，六曰开阳，七曰瑶光，一至四为魁，五至七为杓。《尚书·舜典》云："在璇玑玉衡，以齐七政。"

北斗七星环北极星而旋转，古人观察斗柄位置的变化，可知时节方位。战国文献《鹖冠子·环流》记载："斗柄东指，天下皆春；斗柄南指，天下皆夏；斗柄西指，天下皆秋；斗柄北指，天下皆冬。"

古人视北极星为天帝的象征，北斗就是天帝出巡天下所驾的御辇。一年由春开始，此时斗柄东指，表明天帝从东方开始巡视，故《易·传》云："帝出乎震"，震卦在东。《史记·天官书》云："斗为帝车，运于中央，临制四乡。分阴阳，建四时，均五行，移节度，定诸纪，皆系于斗。"《晋书·天文志》曰："北斗七星在太微北，七政之枢机，阴阳之元本也。故运乎天中，而临制四方，以建四时，而均五行也。魁四星为旋玑，杓三星为玉衡。又曰，斗为人君之象，号令之主也。又为帝车，取乎运动之义也。"

中国古代认为人间的黄帝与天帝相应，北斗、北极星都与黄帝相关联。《竹书纪年》记载："黄帝轩辕氏，母曰附宝，见大电绕北斗枢星，光照郊野，感而孕。"《开元占经》记载："北极星，其一明大者，太一之光，含元气……以立（位）黄帝。"

"斗为帝车"也与黄帝相关。并且，传说黄帝号轩辕，也与作车有关，如《楚辞·远游》王逸注称："轩辕，黄帝号也，始作车服，天下号之为轩辕氏也。"

1. 以"七星"概念划分河谷带状城市的功能空间组团

以北斗七星的概念来组织沮河沿线的各组团，并围绕桥山设立北斗四星组团，使得黄陵位于斗中，是运用与黄帝关联的文化符号在更大的空间范围内营造文化意境，烘托地区的文化氛围。

七星组团自西向东分别为交通枢纽、综合服务、旅游服务、文教服务、文旅服务、文化研究和游憩服务。各个组团主导功能有所区分，但都紧密结合文化和旅游的服务配套设施供给，沿沮河顺流展开。

"七星"示意

山东武梁祠北斗帝车石刻画像

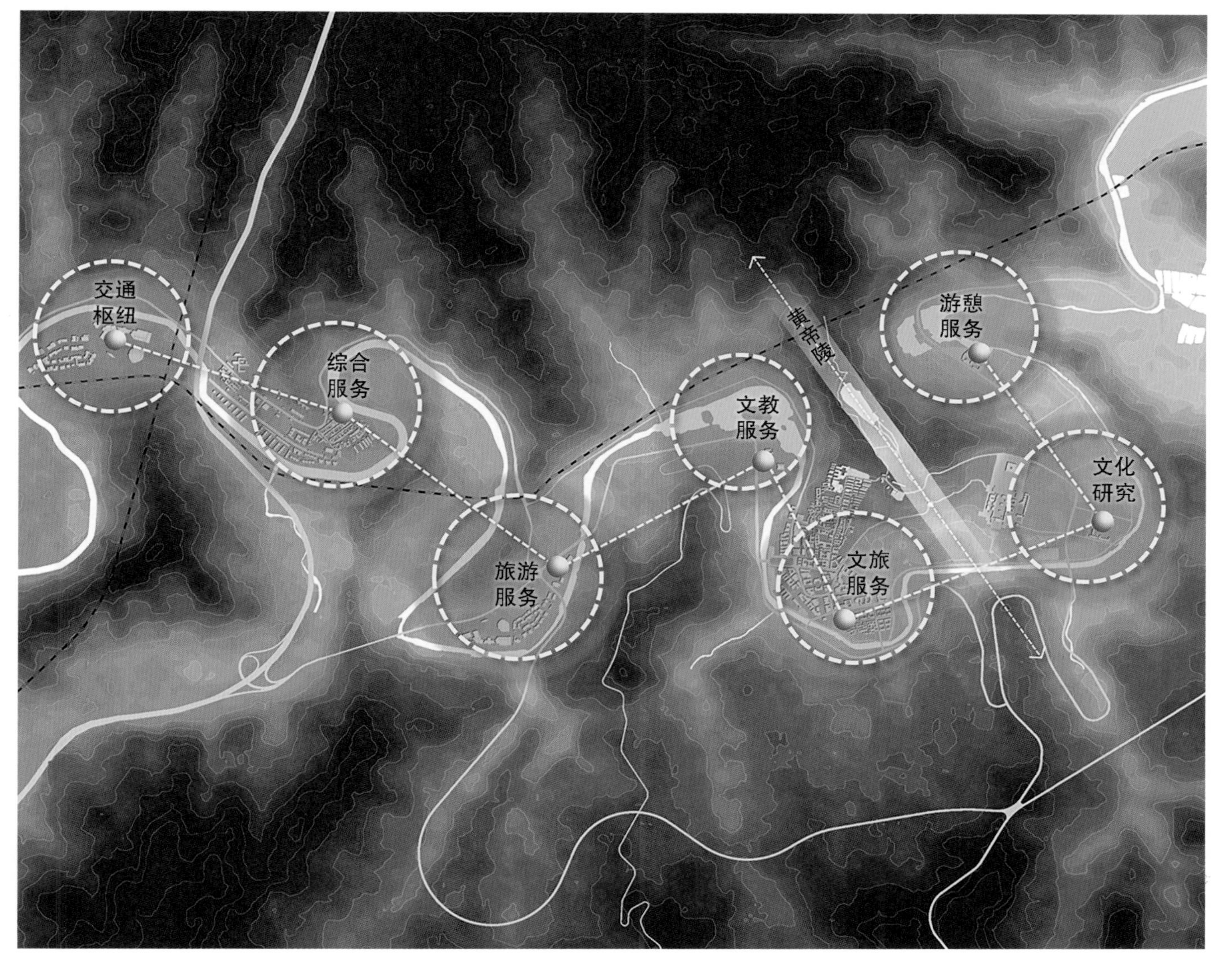

“七星”功能布局示意

2. 滨水布置展现黄帝文化的“建筑＋景观”组合

在这七个功能组团内，以“北斗七星”命名标志性的功能公建，形成各个组团的地标。同时，以黄帝“文明创始”（包括铸青铜、筑城市、造文字、创历法四个主题）和“造物发明”（包括造衣裳、建宫室、造舟车三个主题）为主题塑造公共空间，丰富城市公共空间的文化内涵。

3. 重组交通

现状的过境交通与谒陵线路重叠，易拥堵且对谒陵交通组织不利。规划对过境交通和谒陵线路进行重新组织。

第一，利用规划建设的G210将过境交通外移，减少对内部交通的干扰。

第二，营造不同空间区域的门户节点，在节点处设置停车场，并提供景区内电瓶车等交通服务。

第三，完善谒陵主要道路，串联各节点，并与G210三处连接。谒陵道路选线主要利用现有道路，又进行适当调整，使得谒陵线路与周边山川及重要历史标志形成朝对关系，营造空间对景序列，提升圣地氛围。

第四，在谒陵主要道路之外，完善连接关键节点的机动车行道路网，增加景区内部的快速交通联系。

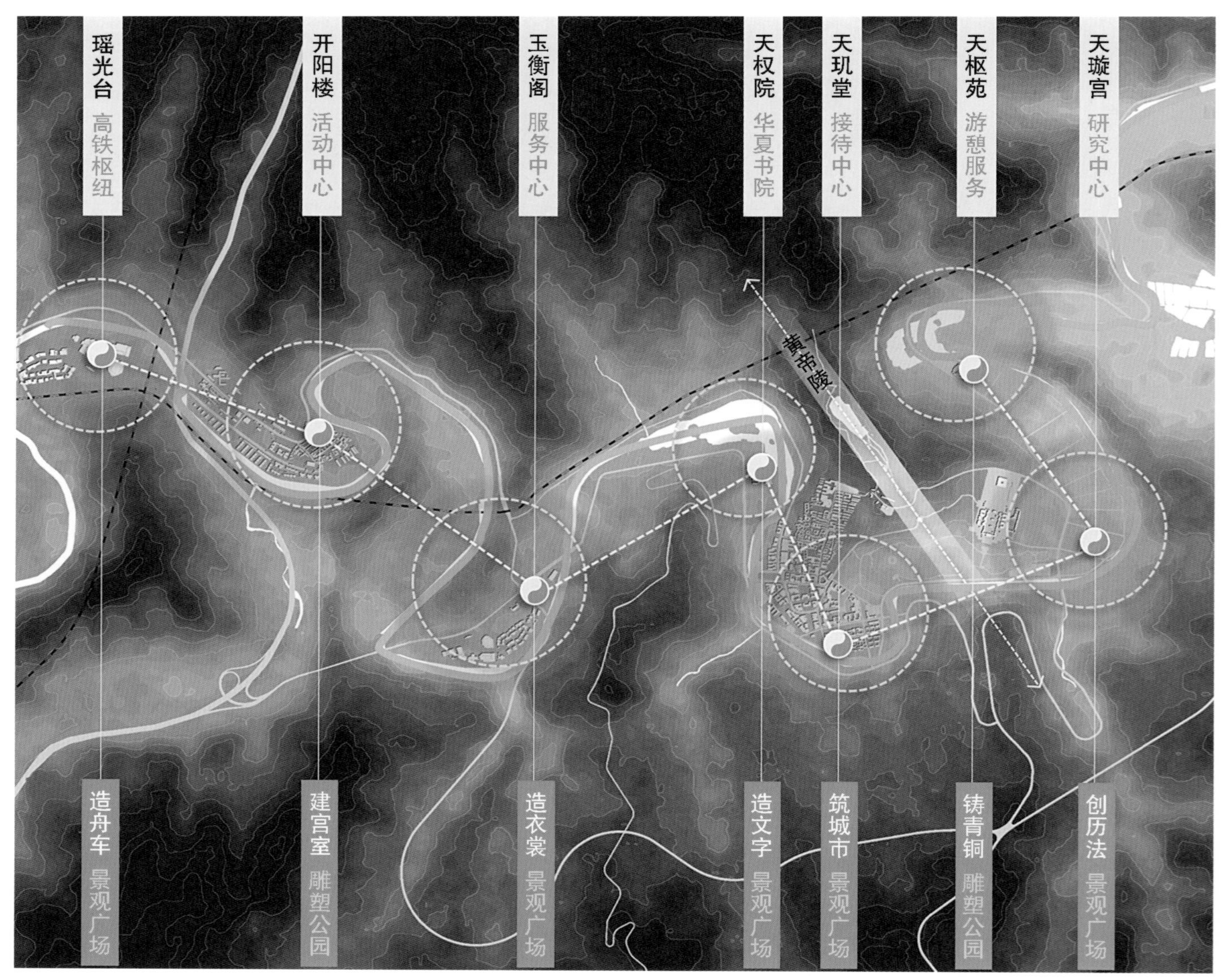

标志性公建与公共空间布局

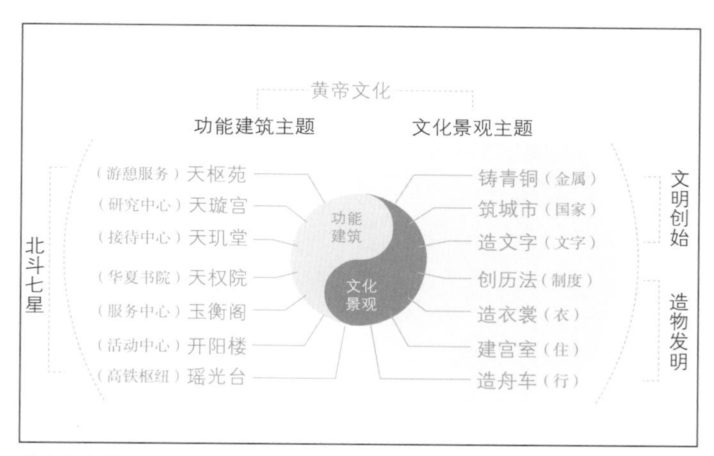

黄帝文化建筑景观选题示意

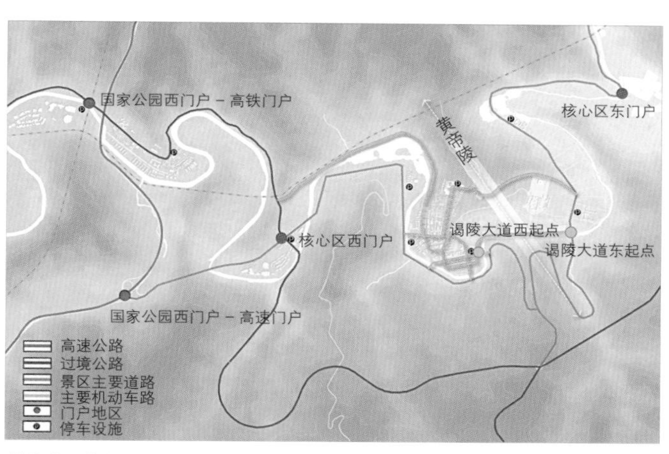

道路交通组织

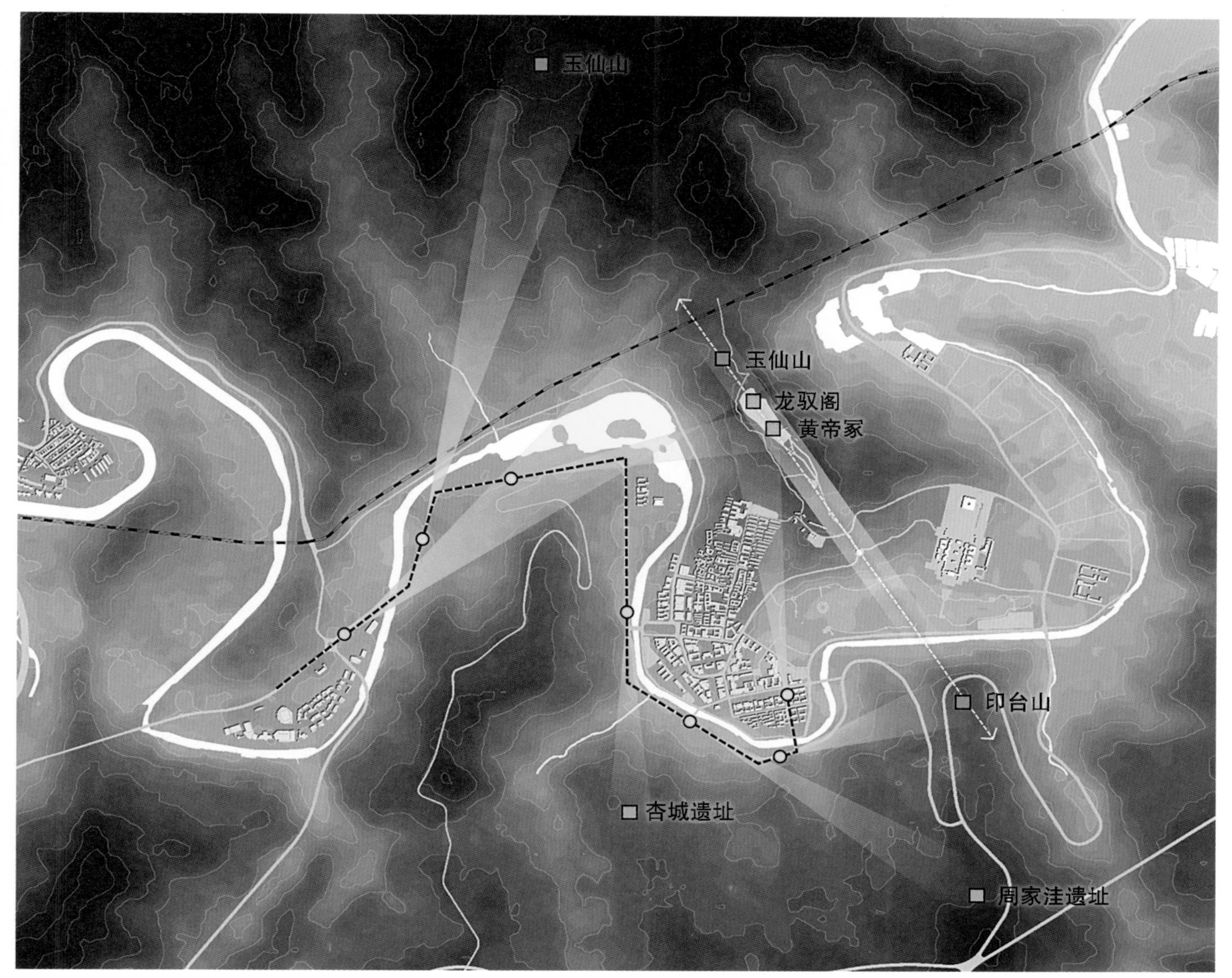

道路交通与重要节点的朝对关系

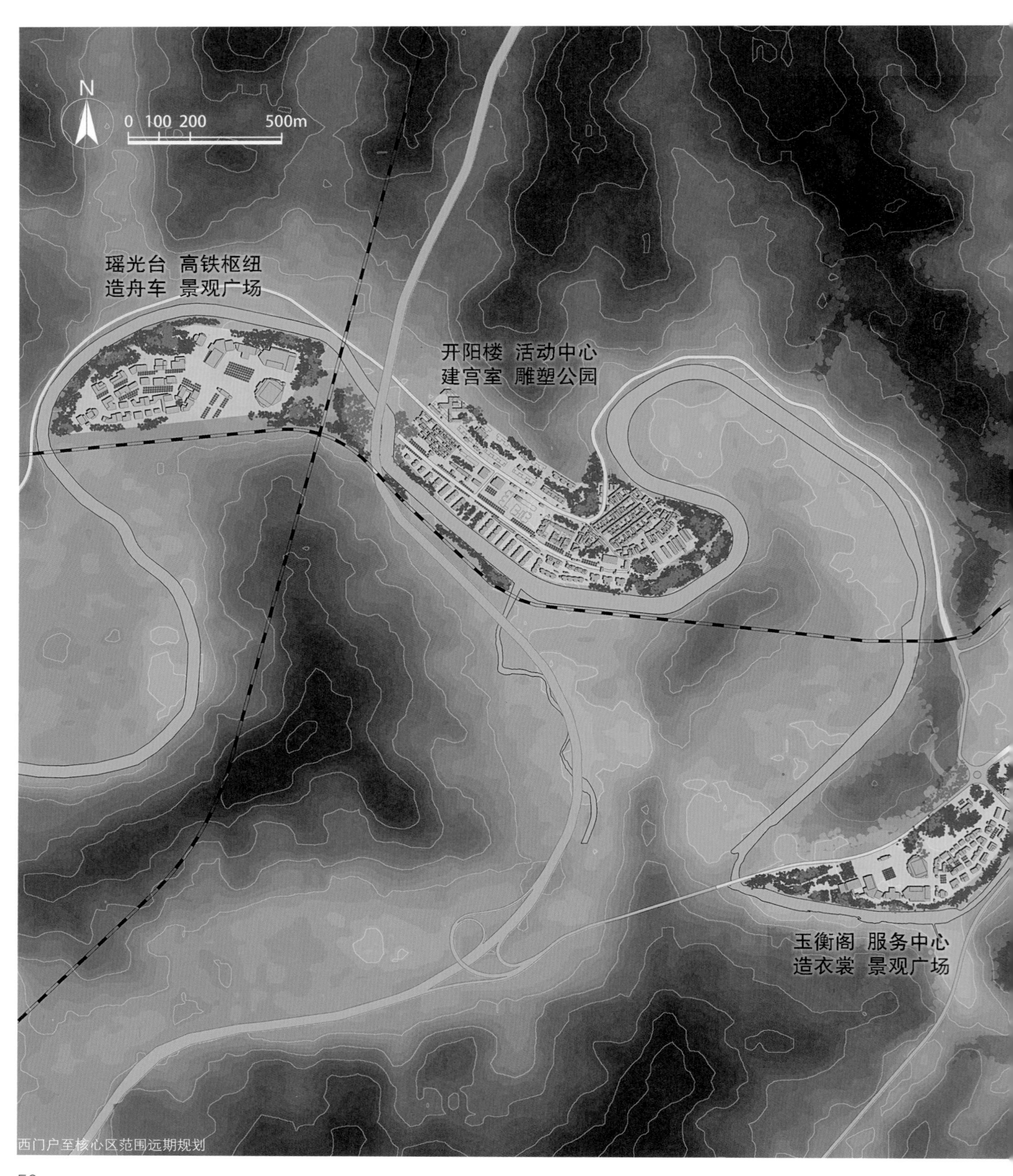

西门户至核心区范围远期规划

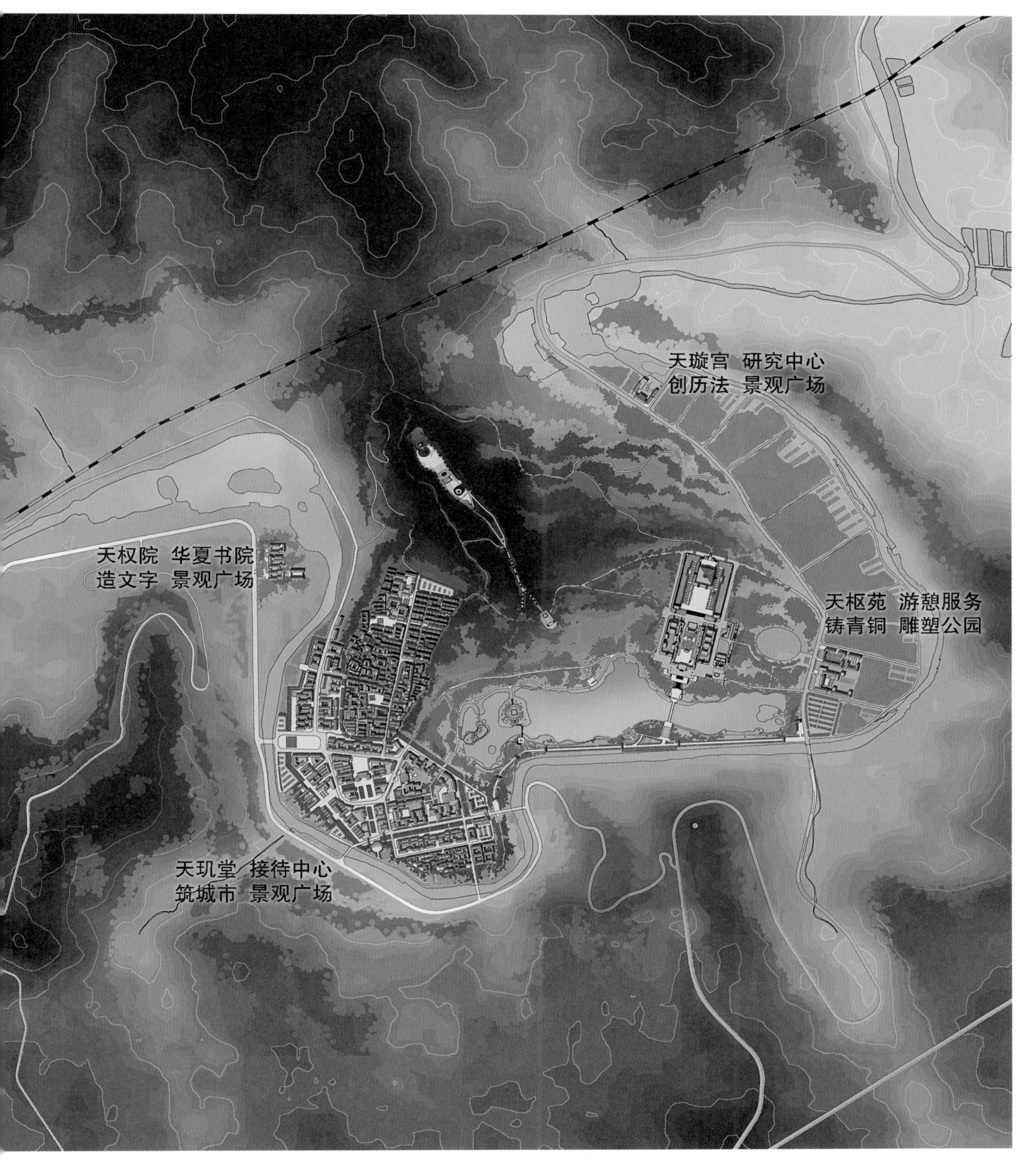
天璇宫 研究中心
创历法 景观广场
天权院 华夏书院
造文字 景观广场
天枢苑 游憩服务
铸青铜 雕塑公园
天玑堂 接待中心
筑城市 景观广场

5.3 九州之势，左庙右城

1. 九宫体系，控制格局

中国地域辽阔，空间差异明显。长期以来，人们根据自然地理格局，总结形成了“天下九州”的文化观念。西汉礼学家戴圣编《礼记·王制》记载国土层面的山川分布与九州格局：“自恒山至于南河，千里而近；自南河至于江，千里而近；自江至于衡山，千里而遥。自东河至于东海，千里而遥；自东河至于西河，千里而近；自西河至于流沙，千里而遥。西不尽流沙，南不尽衡山，东不近东海，北不尽恒山。凡四海之内，断长补短，方三千里，为田八十万亿一万亿亩。”

《汉书·艺文志》中记载：“形法者，大举九州之势以立城郭室宅形”。至迟战国秦汉时期，“九州之势”已经成为空间构图的基本图式。分析黄帝陵的形制，可以发现历史上黄帝陵的自然山水与“陵—庙—城”人工建设严格受制于一个格方1.5汉里（合今630m）的九宫体系中：

（1）桥山东西两侧，相距一里有半；山东至于沮水，一里有半；山西至于沮水，一里有半。西不尽西山，东不尽凤岭，南不尽印台，北不尽桥山。凡山环水绕之区，断长补短，方四里有半，呈九州之势。

（2）桥山之阳，沮水之滨。帝陵安处，池台映照。下马石，汉仙台，黄帝陵，龙驭阁，中轴线，中准绳。自下马石至于汉武仙台，半里而近，一百五十步。自汉武仙台至于龙驭阁，半里而近，黄帝陵居于中间。

（3）自下马石至于印池中，一里有半；自印池中至于印台山，一里有半。

总体看来，历史上黄帝陵区重要构筑物及其布局以九宫形制为统领，中规中矩，符合“形法”。黄帝陵规划环境整治提升，也以九宫格局为依归，强化空间秩序，丰富文化意境。

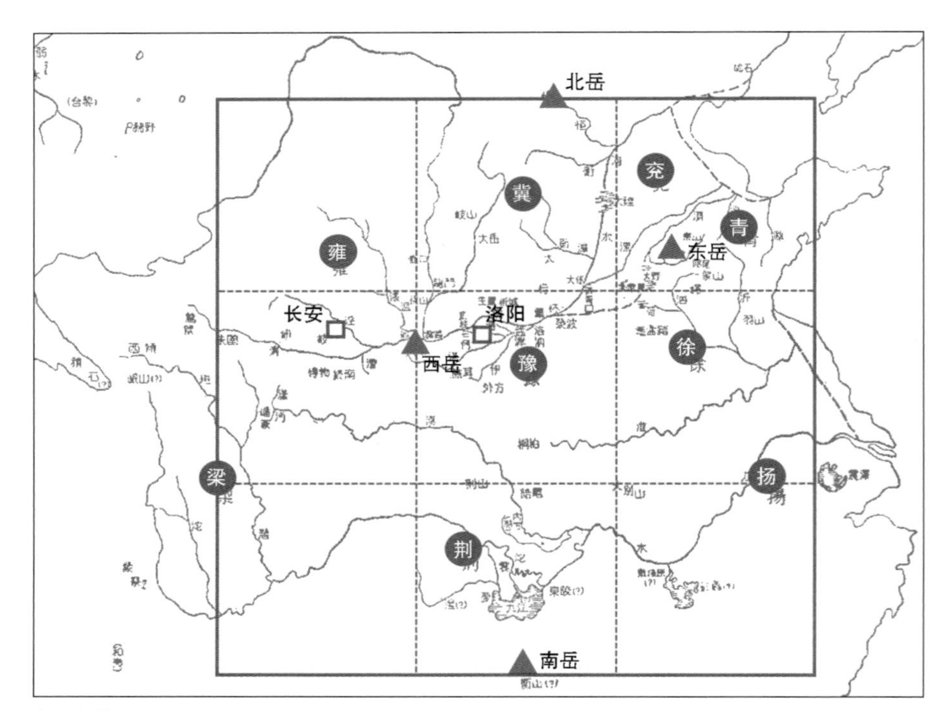

九州之势
（资料来源：根据顾颉刚．禹贡 // 侯仁之．中国古代地理名著选读（第一辑）［M］．学苑出版社，2005 绘制）

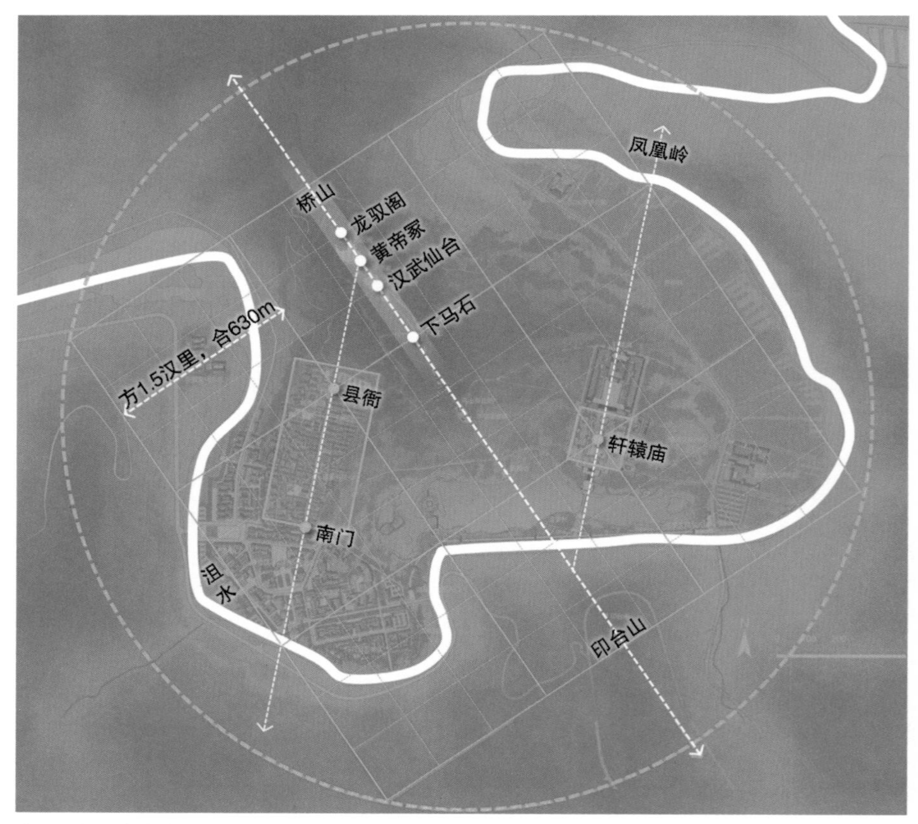

九州之势，左庙右城

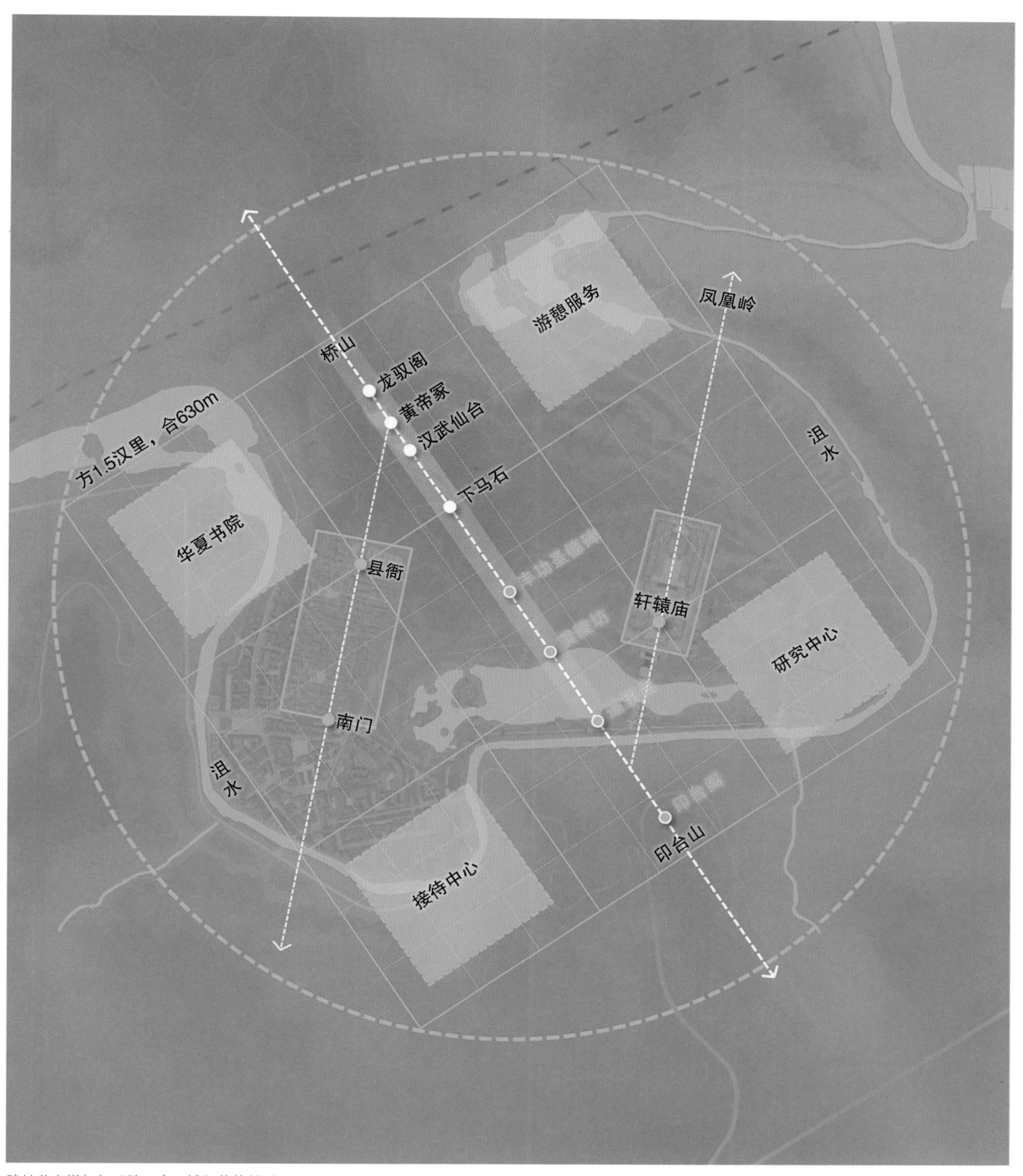

陵轴节点增加与“陵—庙—城”整体关系

2. 继承网格，增设节点

今天，继承这一九宫体系展开规划设计，尤其以古制模数控制陵轴上的新增节点布置——丰功圣德碑、黄陵坊、遥望台和印台阁。

丰功圣德碑位于九宫格局的中心，一方面延续原有北侧的桥山谒陵线路，统领南侧由标志性节点组成的虚轴；另一方面强化东西向的左庙右城空间和交通联系，成为核心区的关键节点。黄陵坊、遥望台和印台阁这三个节点则是在原有基础上适当调整完善，与丰功圣德碑一道，强化黄陵主轴，突出其主体地位。

3. 城—庙分工，各司其职

在新的总体格局下，重塑历史上长久存在的“陵—庙—城”一体格局，完善祭祀纪念、文化旅游、服务管理的功能。同时，进一步清晰界定“陵—庙—城”的主要职能，陵承担瞻仰纪念的功能，庙作为祭祀国典的主

城庙规划策略

要场所，城则主要提供展示、服务、管理等服务，并在上城、下城和城外三个区域主导功能有所区分，形成总体混合利用下的相对功能聚集。

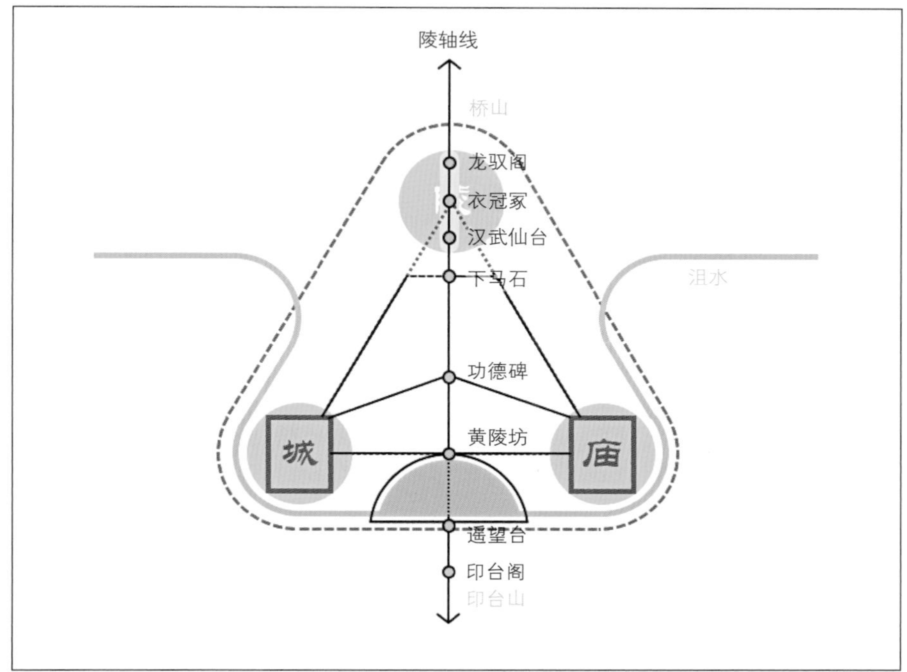

陵轴节点增加与“陵—庙—城”整体关系

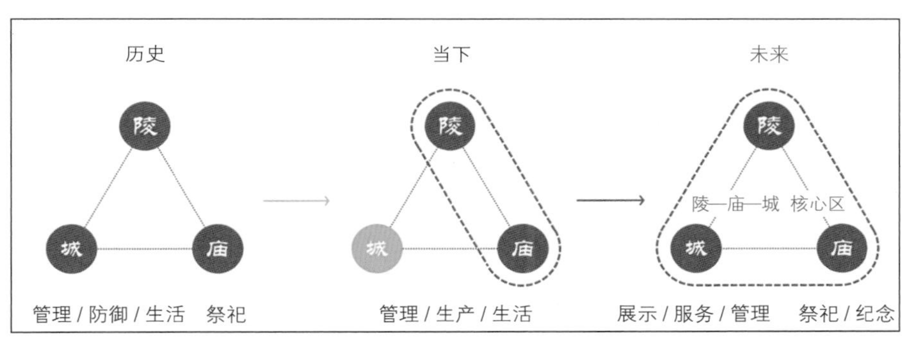

历史、当下与未来的陵庙城关系

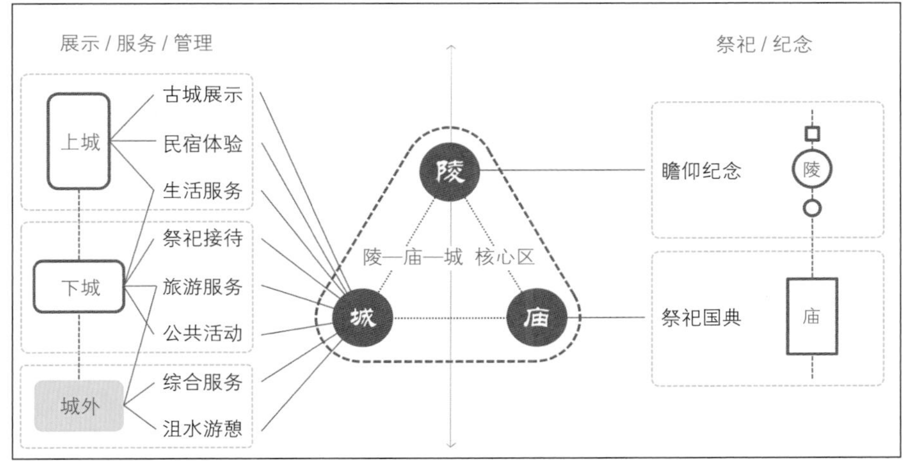

陵庙城功能策划

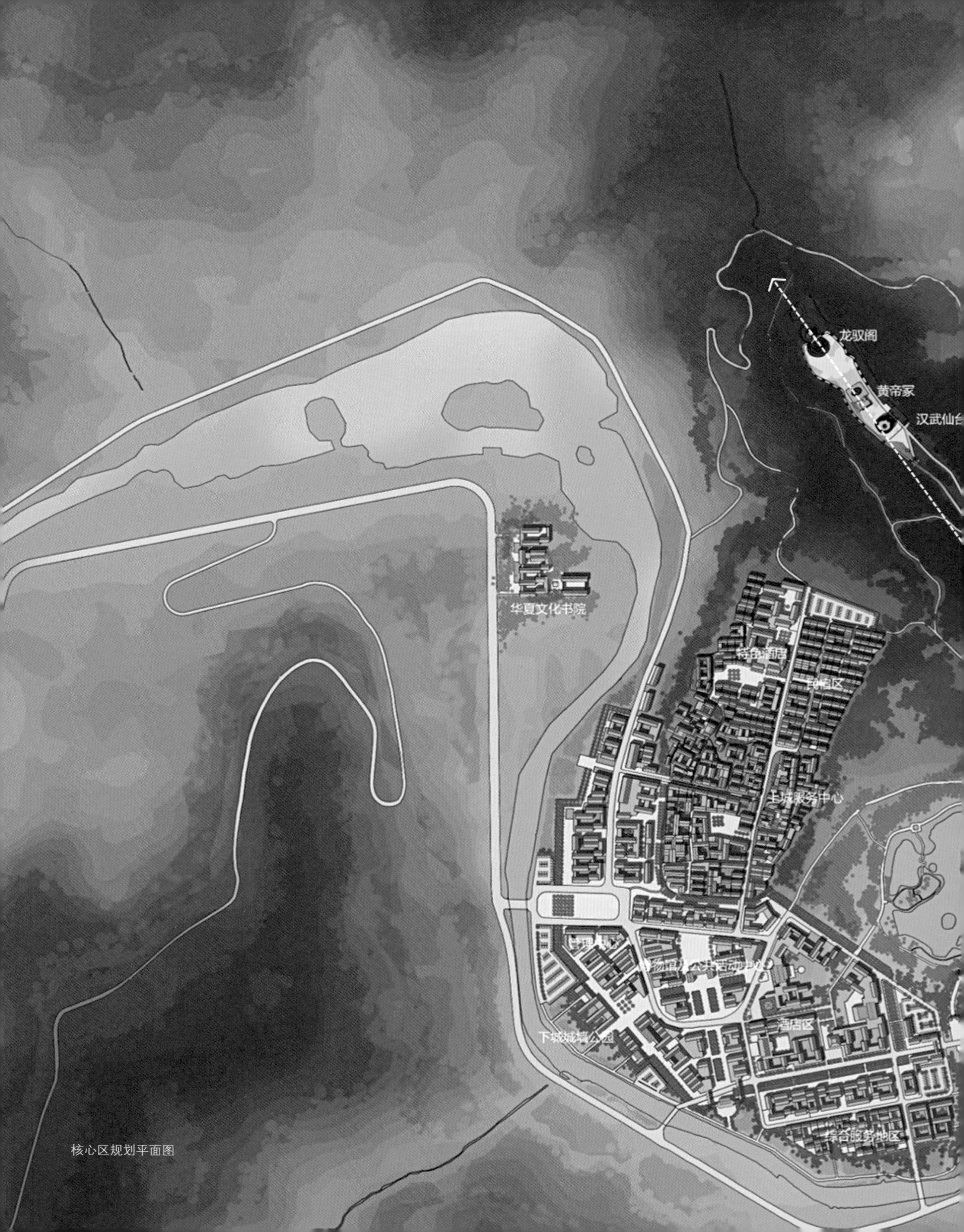

核心区规划平面图

沮水游憩公园
寻根林
轩辕庙
山仰止坊
丰功圣德碑
黄帝文化中心
黄陵坊
黄帝文化研究院
遥望台
御陵大道东入口
印台阁
N
0
100
200
500m

4. 交通组织，优化路线

现状景区交通呈“指状”结构，古城的交通和陵庙的交通“并联”在景区主要大道上，两处交通缺少直接的联系。且当前的慢行步道较少，不能成环，步行游览体验较差；停车场地较少。

规划增加古城片区和陵庙片区的车行、步行联系，形成车行和步行环线，实现整体的交通优化。将入口广场处的车行路线南绕，留出集散空间，同时增加圣地感。东入口和西入口与G210快速连接，实现车辆快速进出核心景区。入口处增加停车位，减少内部机动车交通。

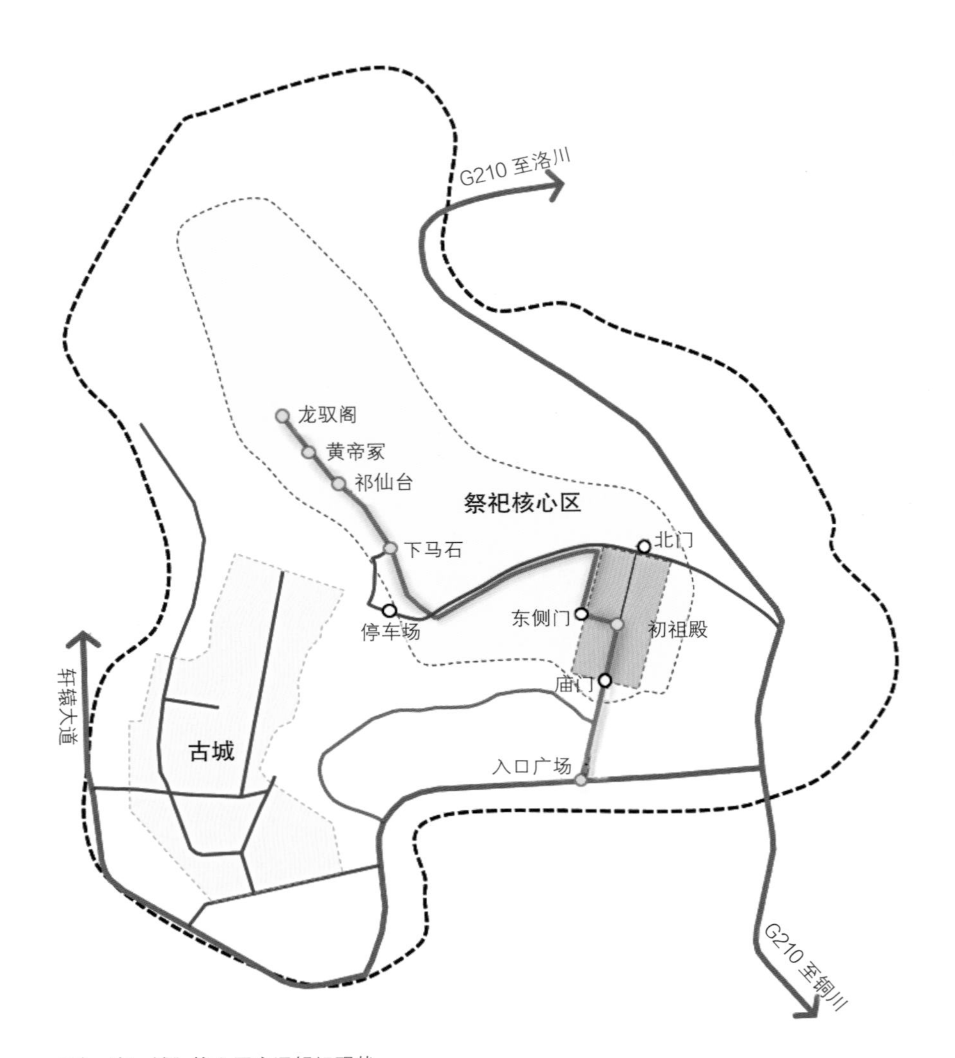

“陵—庙—城”核心区交通组织现状

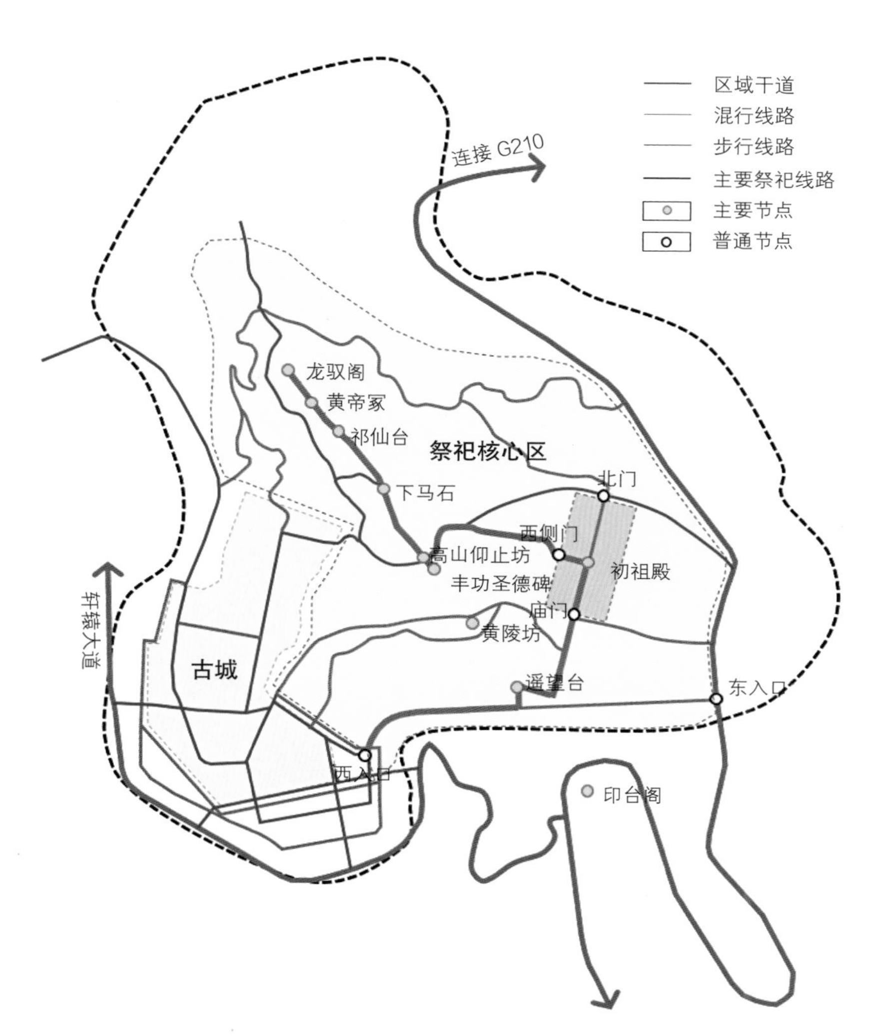

"陵—庙—城"核心区交通组织规划

5.4 培根守魂，枢轴中亘

1. 加强陵轴，三分而成

强化黄陵主轴，将主轴分为三个部分，赋予不同主题：望——山陵气势，思——黄帝功德，拜——人文初祖。“望”的部分增设水边的遥望台和位于印台山上的印台阁，提供人们自水边和山顶遥望黄帝桥陵的场所。“思”的部分增设位于水边的黄陵坊和位于山腰处的丰功圣德碑，使得人们追思黄帝的丰功圣德。“拜”的部分始于下马石，至汉武仙台、黄帝冢、龙驭阁，祭拜黄帝，顺次促成精神内涵的升华。

由于地形的特点，此三段可形成不同的视觉段：沮水以南遥望台可望至丰功圣德碑，丰功圣德碑可望至下马石，下马石可望至汉武仙台、龙驭阁，形成阶段性的视觉目标点。

2. 彰显功德，增碑添坊

在山腰处的适宜地点设置丰功圣德碑综合体，以碑和坛相结合的方式，形成节点，突出黄帝的丰功盛德。

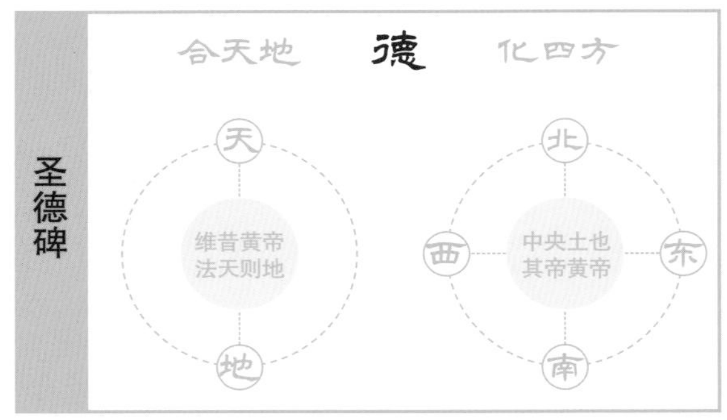

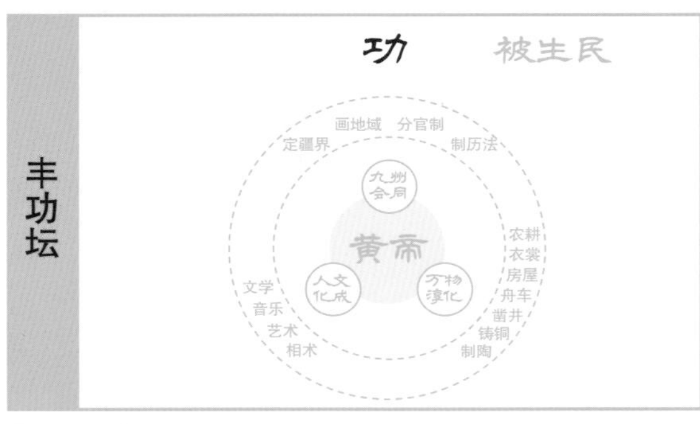

丰功圣德碑概念

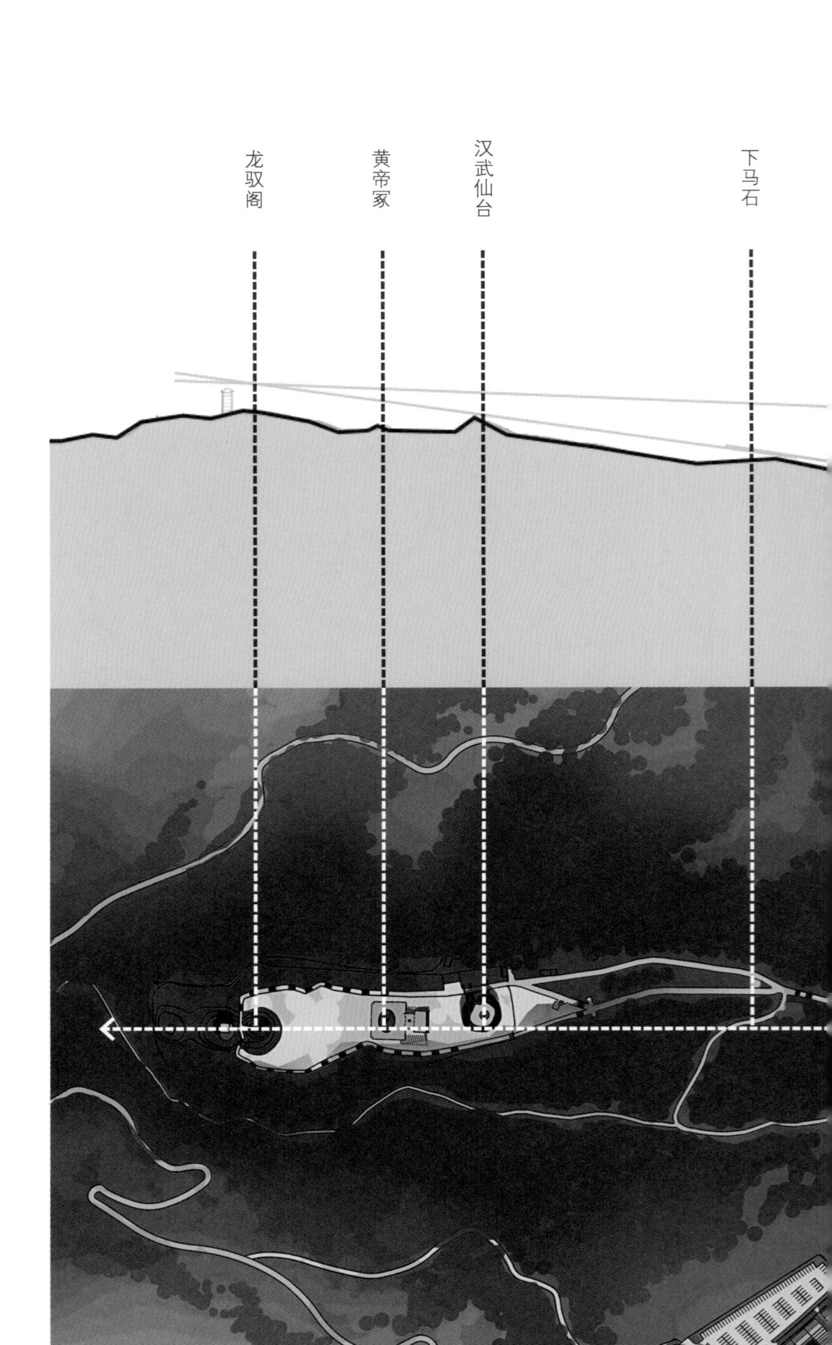

陵轴段落划分与节点增加

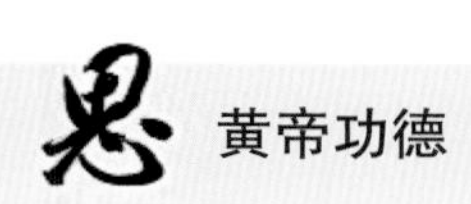

黄帝功德

山陵气势

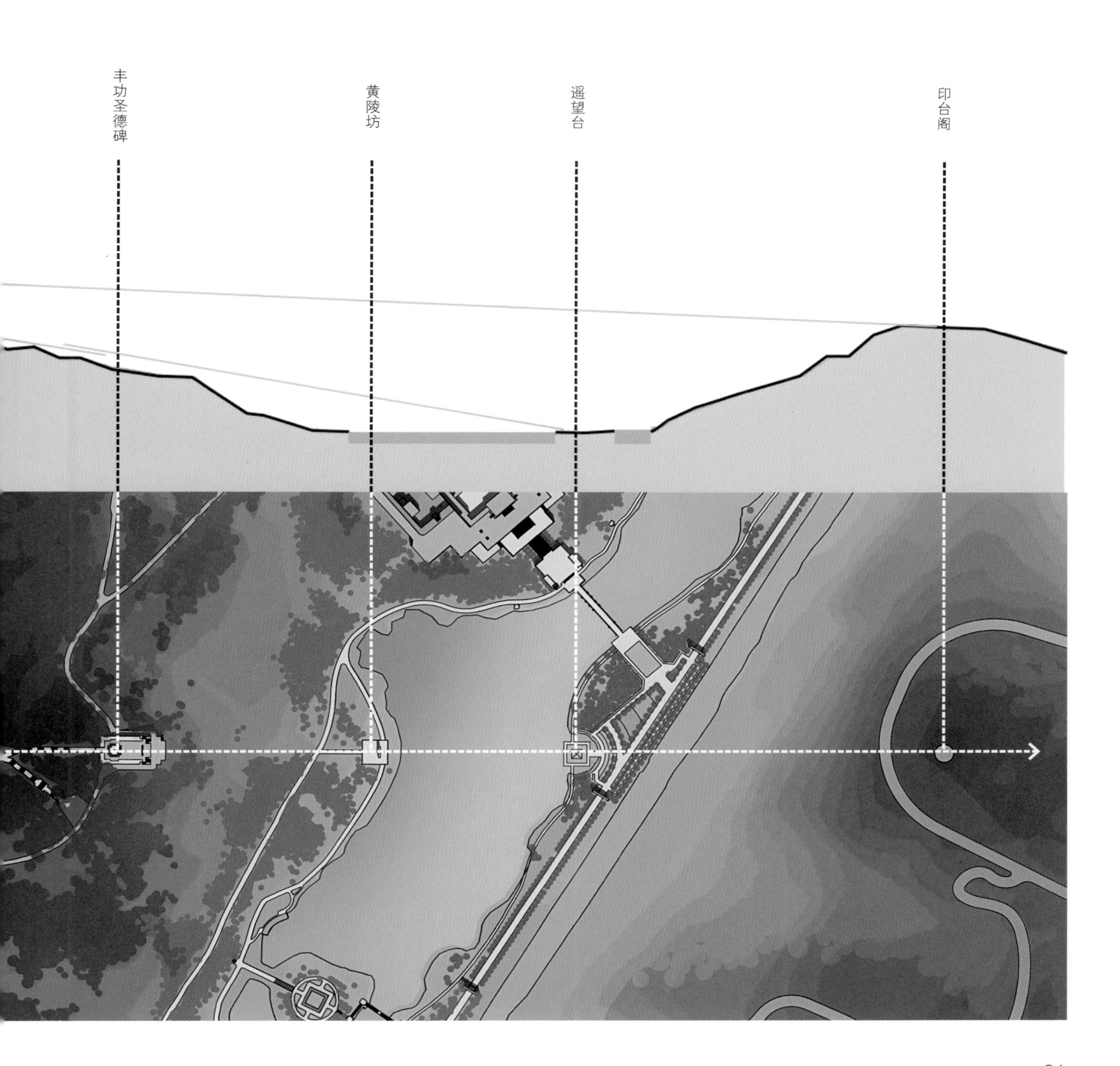

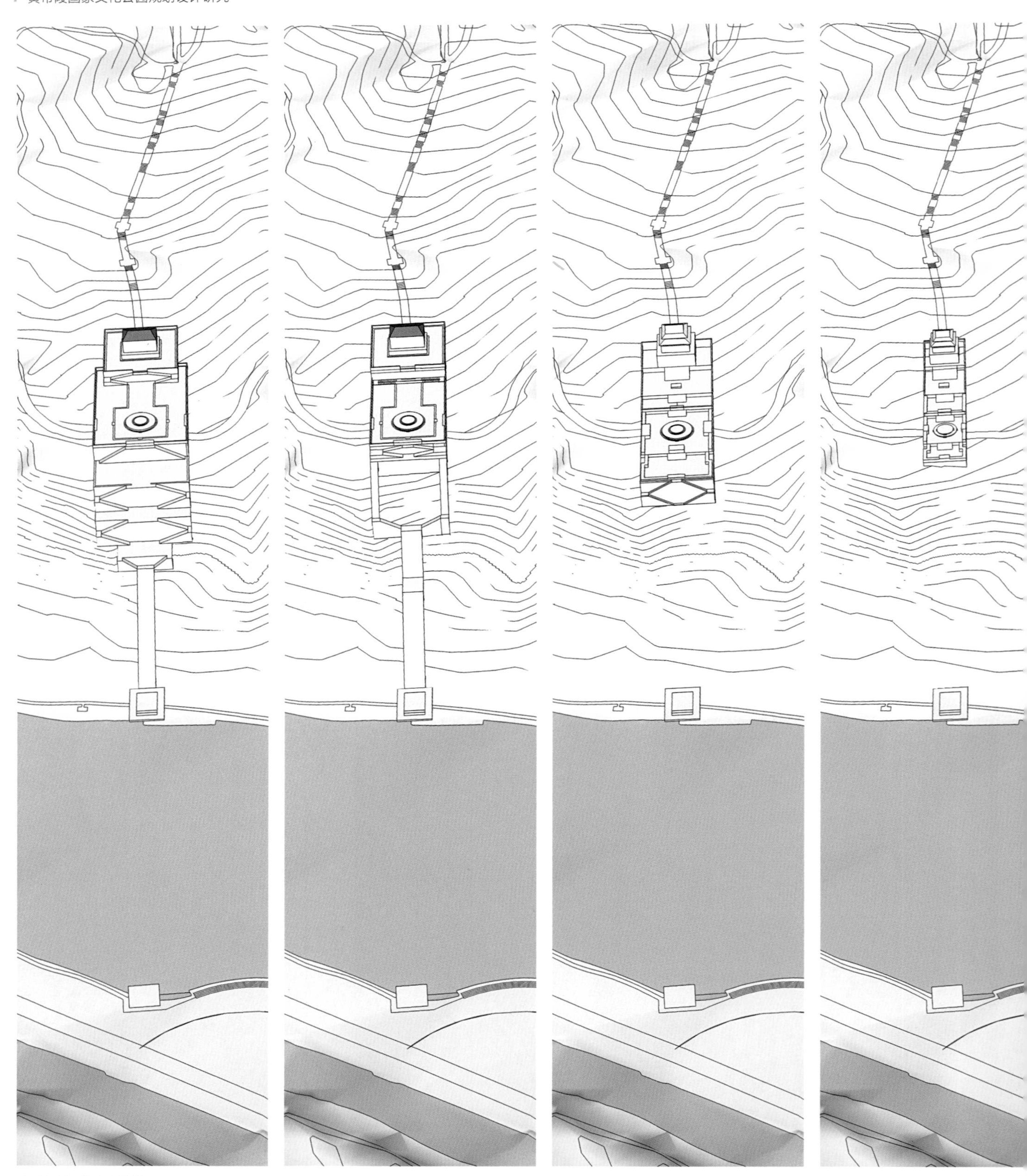

丰功圣德碑方案推敲

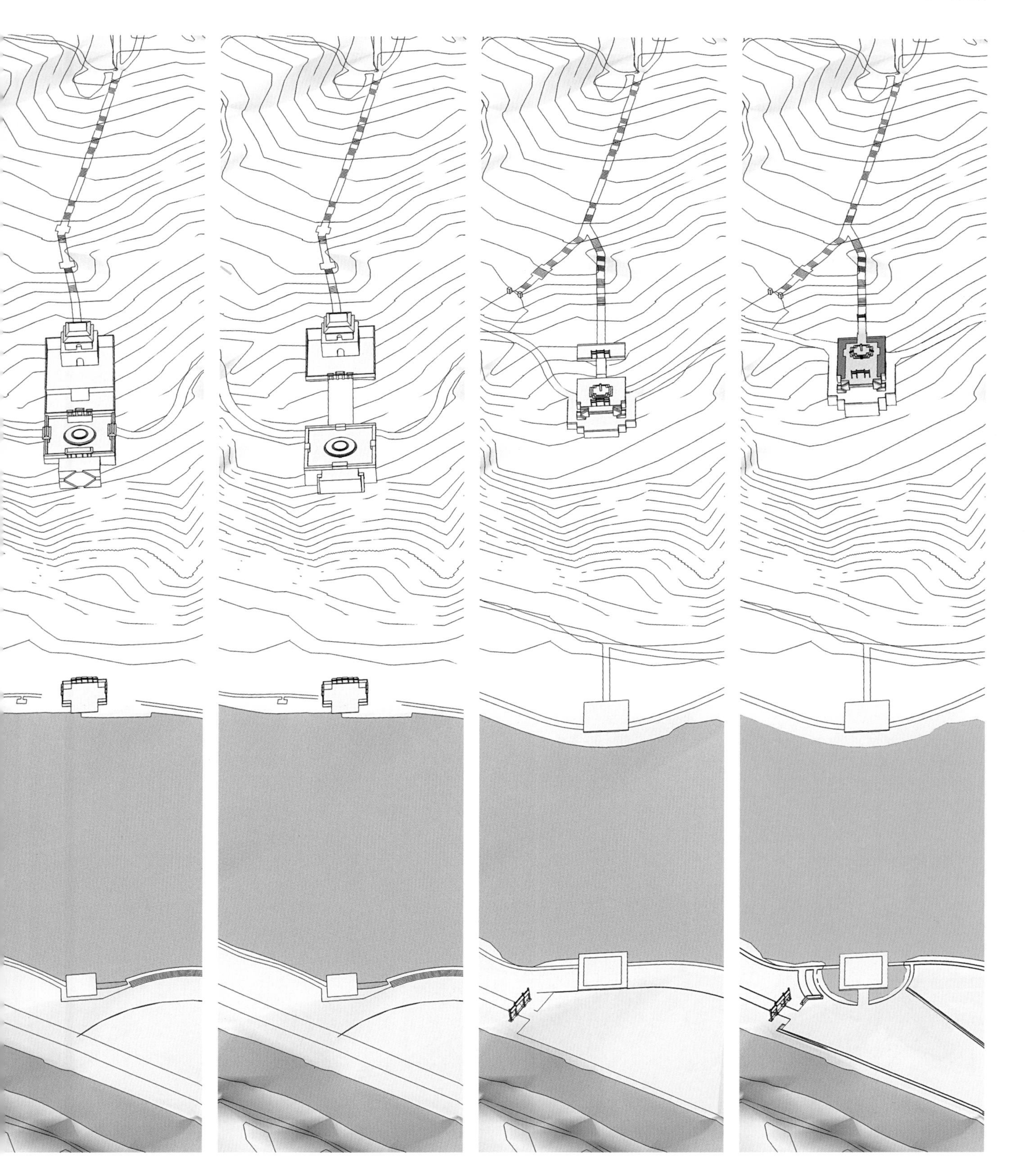

3. 整合功能，序列完善

丰功圣德碑用于缅怀黄帝之功德，颂扬先祖之业绩，是谒陵前的节奏。丰功圣德碑的设计整合祭拜、交通（车行、步行、停车）、服务（休息、接待）等功能，利用现有交通道路和地形条件，通过立体的功能组织形成位于黄帝陵中轴上的综合体。综合现有地形可能性与复合功能的空间要求，将综合体的体量设置在 30m × 60m 左右，形成适宜尺度的构筑物。

同时，借助丰功圣德碑的设置，整合现有主轴西侧 907m 标高的停车场和商业服务设施，将电瓶车停车与商业服务设施整合至功德碑下的室内空间，还绿林于现有大面积的露天停车场与临时建设，形成安静肃穆的黄陵氛围。交通组织上将游客步行及车行、贵宾车行及步行等线路综合考虑，

丰功圣德碑设计采用对称式布局，以平台、踏步、碑、牌坊、台基等要素构成，考虑与现有各景观要点之间的视觉关系，塑造尺度得体、秩序井然的纪念性与功能性复合空间。

丰功圣德碑开始处设置人文初祖坊，结束处设置高山仰止坊，作为登山祭拜的起点。

丰功圣德碑综合体标高及规模

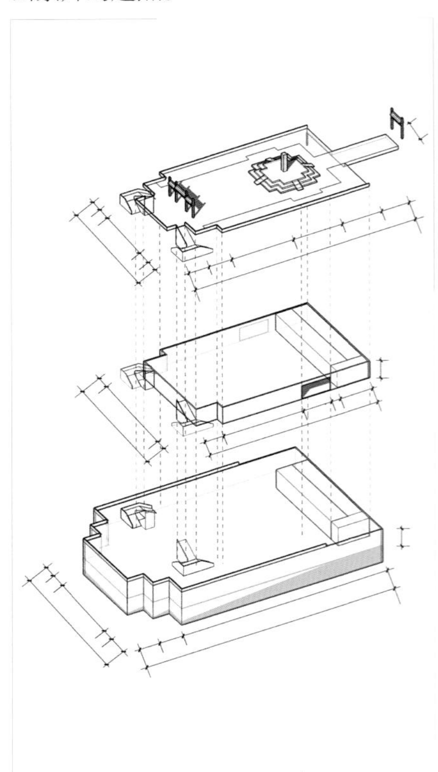
丰功圣德碑综合体功能分层

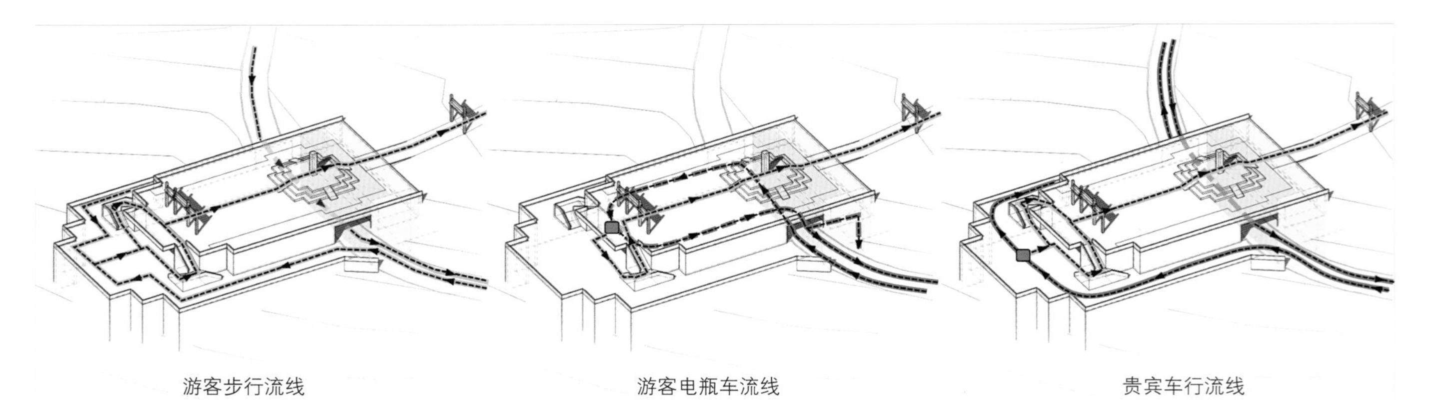
游客步行流线　游客电瓶车流线　贵宾车行流线

丰功圣德碑综合体的交通组织

西望丰功圣德碑

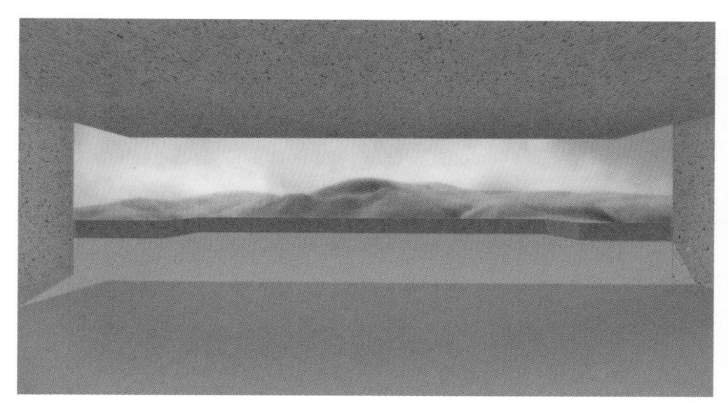
自电瓶车下车处南望印台山

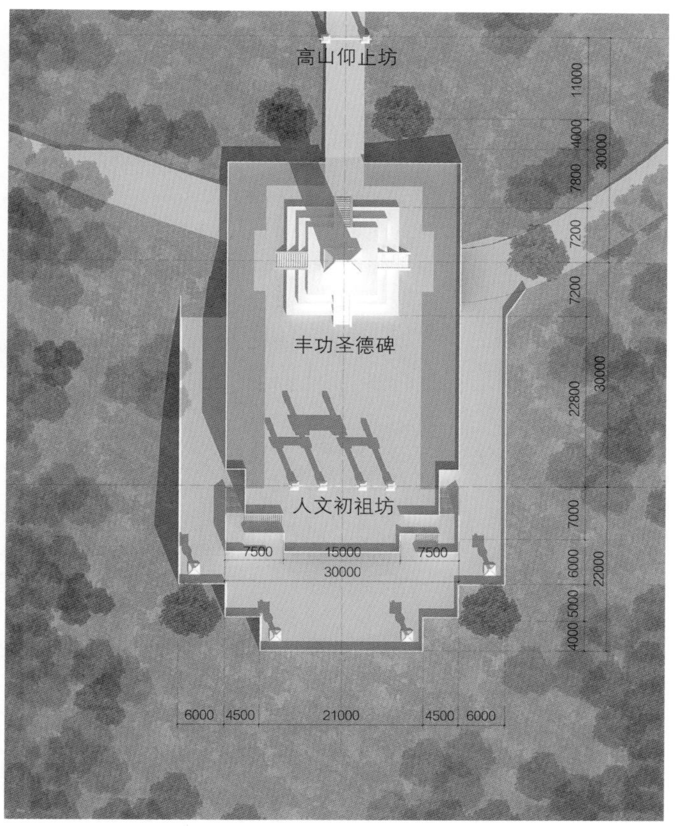

丰功圣德碑综合体平面图

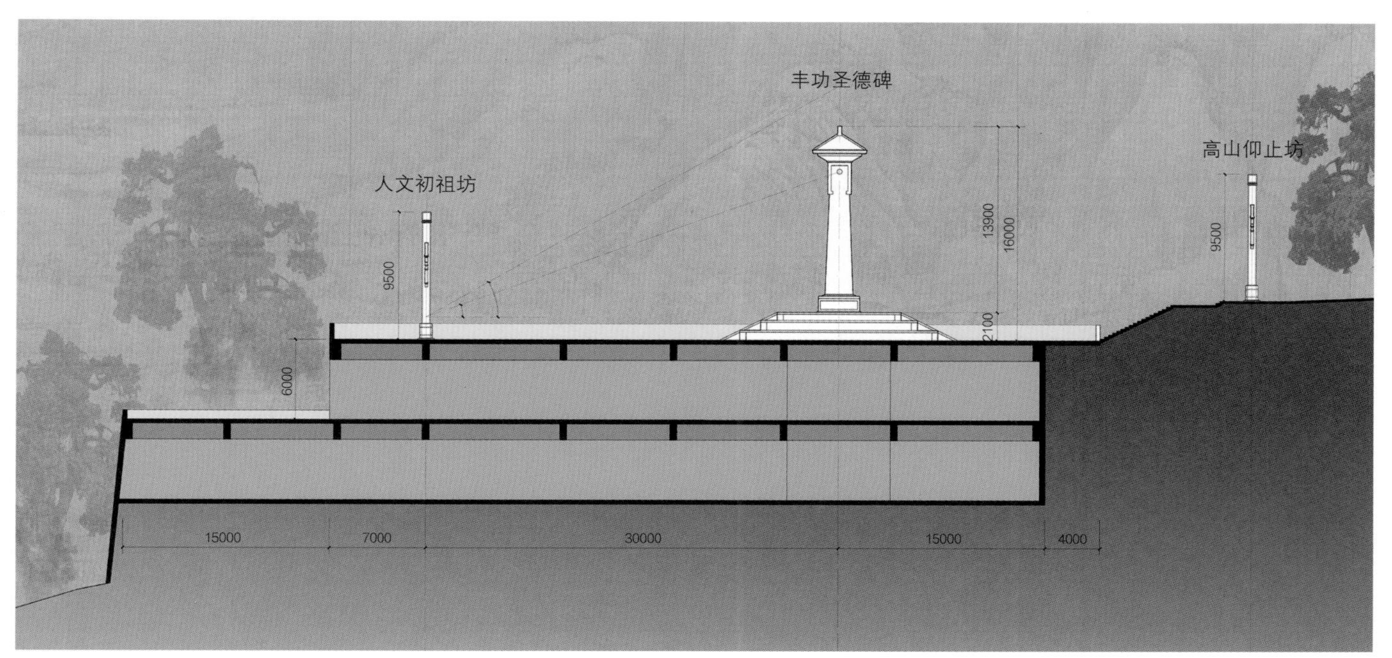

丰功圣德碑综合体剖面图

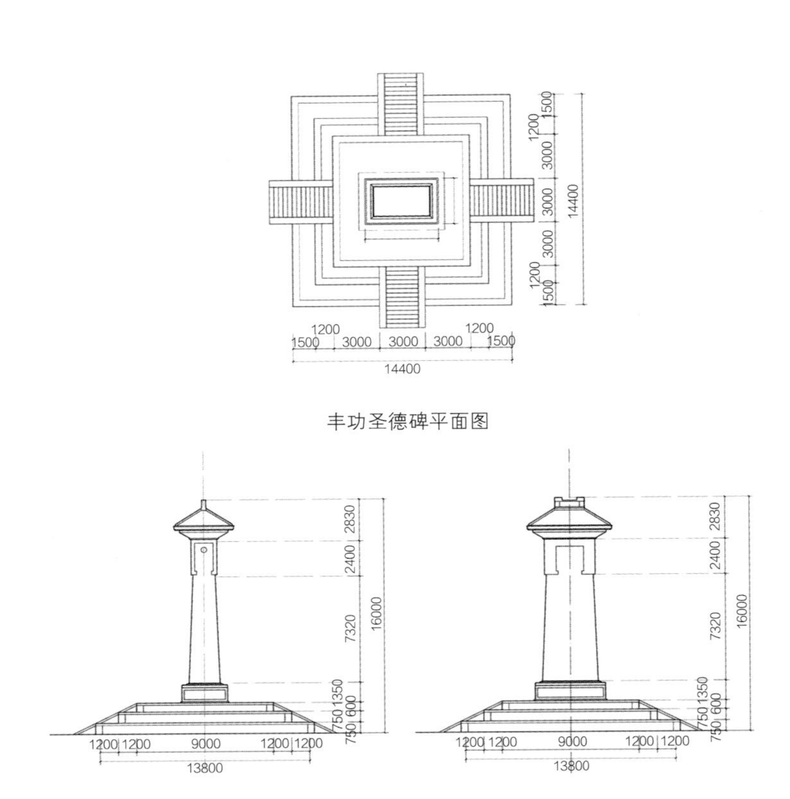

丰功圣德碑平面图

丰功圣德碑侧立面图

丰功圣德碑正立面图

人文初祖坊立面图

人文初祖坊平面图

丰功圣德碑效果图

人文初祖坊效果图

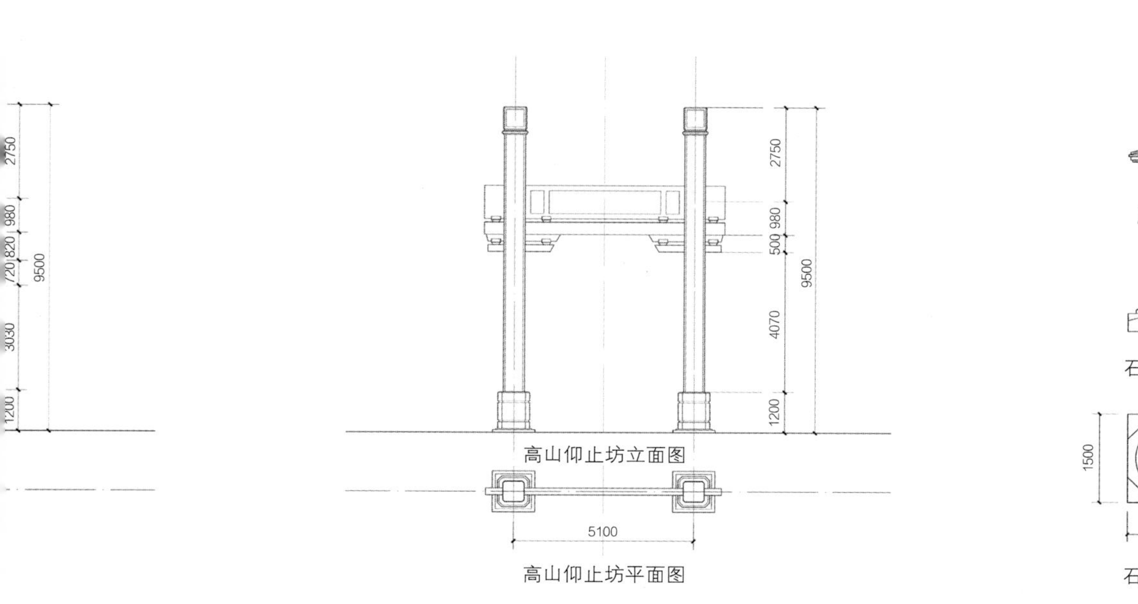

高山仰止坊立面图

高山仰止坊平面图

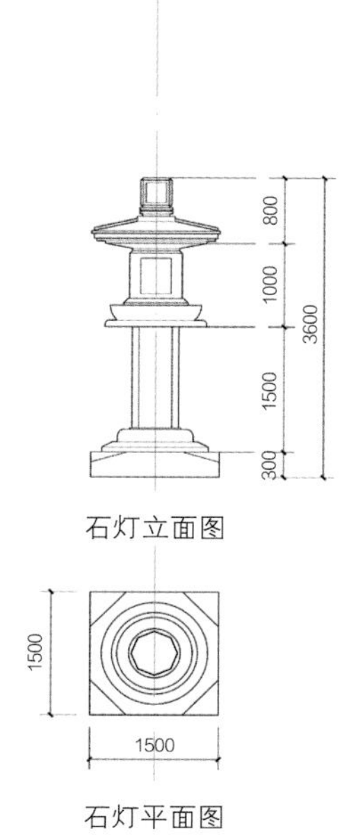

石灯立面图

石灯平面图

高山仰止坊效果图

石灯效果图

丰功圣德碑综合鸟瞰

北望丰功圣德碑及桥山黄帝陵

南望丰功圣德碑及印台山

黄帝陵国家文化公园核心区鸟瞰

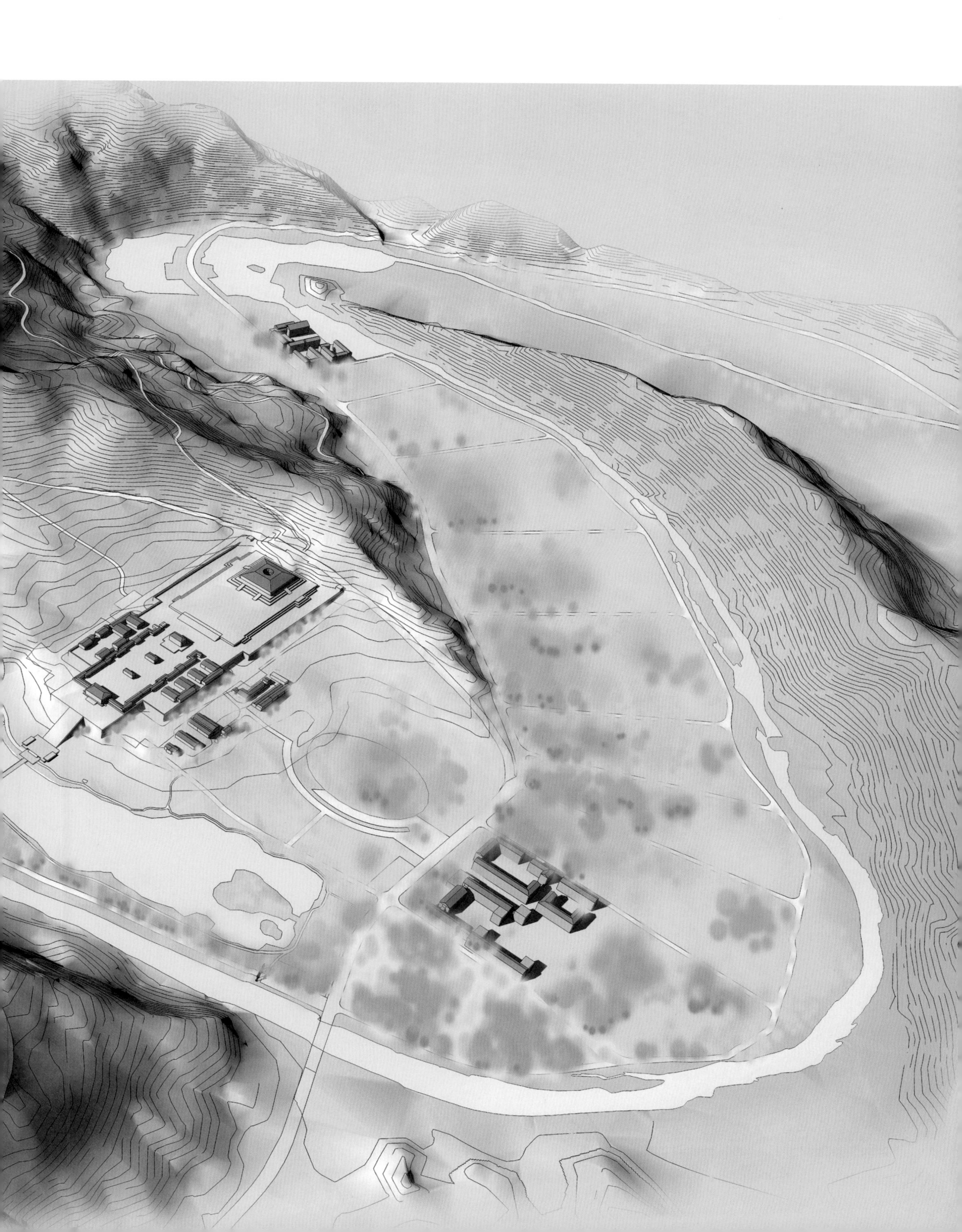

5.5 谒陵之道，三段渐进

1. 谒陵线路，分类组织

对现有谒陵线路进行重新组织，分为游客谒陵线路和贵宾谒陵线路。以500～700m左右为一个行程单元，设置标志节点。考虑步行和车行的不同可能性组合，照顾不同人群的谒陵交通需求。合理组织谒陵去程和回程线路，尽量形成环线。

贵宾谒陵线路

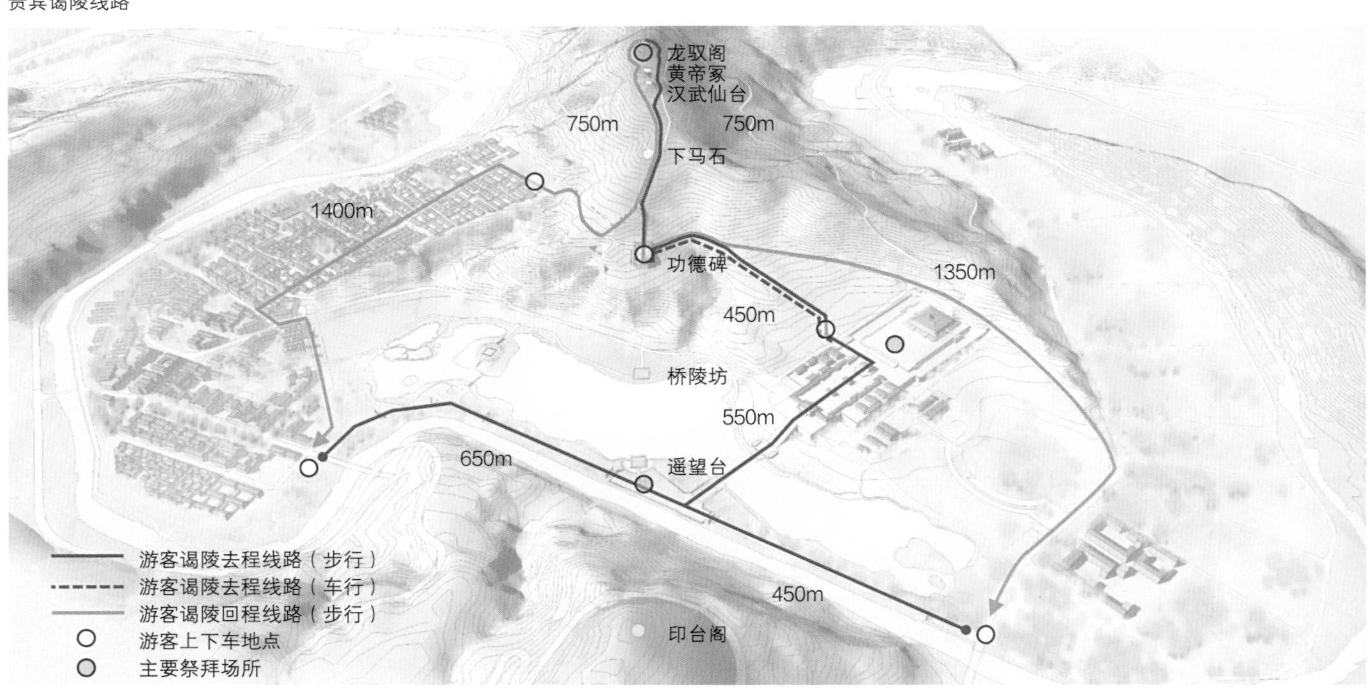

游客谒陵线路

2. 空间序列，视觉引导

对谒陵之道进行重新设计，营造谒拜黄帝的空间序列与圣地感。

设置东西两个入口区，西入口与下城东门直接联系，成为谒陵大道的主要入口。通过集结广场，分别指向具有显著视觉标志的龙驭阁、功德碑、轩辕庙的谒陵大道及位于其间的牌坊，使得人们在行进过程中感受到空间序列的变化，逐渐感受到圣地氛围的环绕，并通过东西向的大道通向入口广场。东入口与210国道联系，通过东西向大道通向入口广场。

进入广场后，先遥望主轴，然后跨过印池，开始通过轩辕庙与功德碑怀思黄帝功德，最终祭拜黄帝陵。望、思、拜的空间序列渐次展开。

3. 谒陵大道，节点提升

对谒陵大道上原有的印池广场作提升改善，将陵轴和庙轴在此的交汇做进一步的完善，通过景观处理强化陵轴，并减少硬质铺地的面积，增加绿化空间。

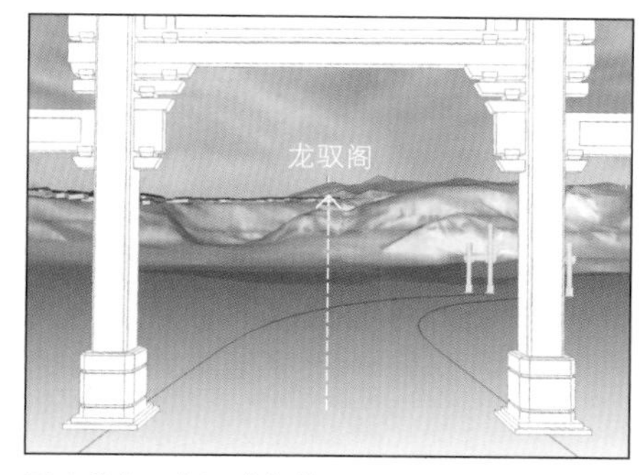

西 1 节点：自谒陵大道西入口牌坊看龙驭阁

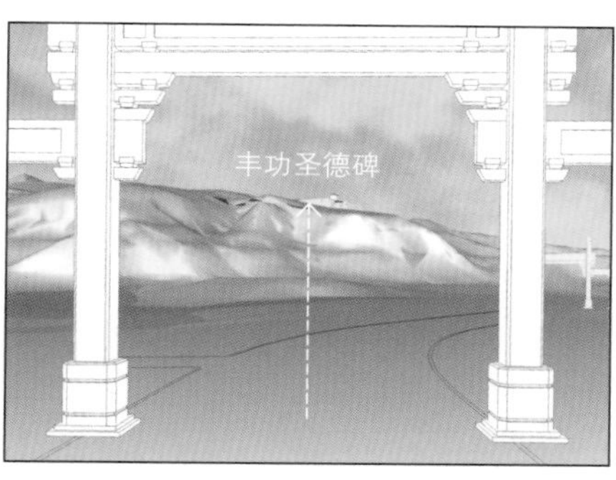

西 2 节点：自谒陵大道西 2 牌坊看丰功圣德碑

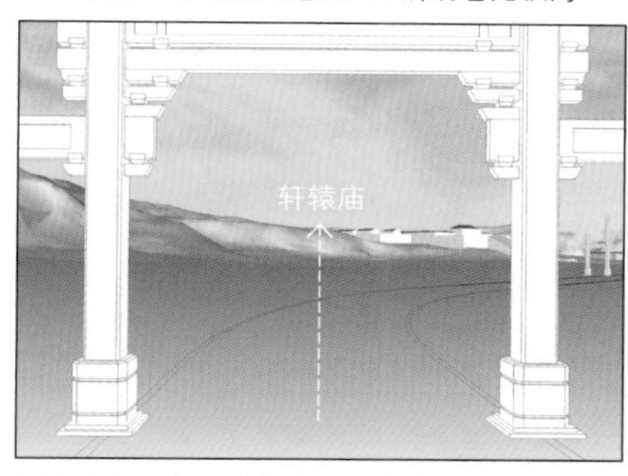

西 3 节点：自谒陵大道西 3 牌坊看轩辕庙

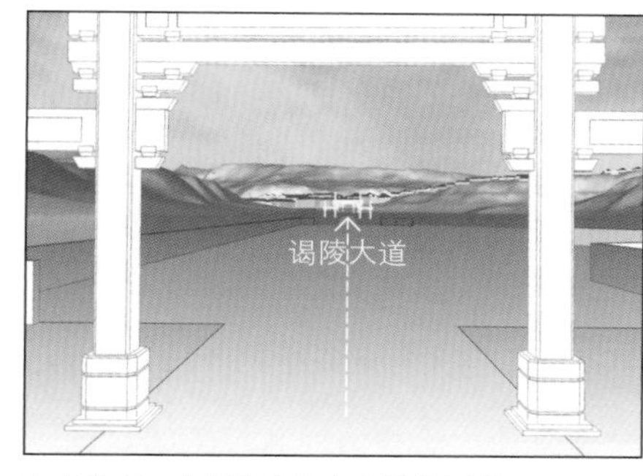

东 2 节点：自谒陵大道东 2 牌坊西望

调整后的轩辕大道和印池前广场

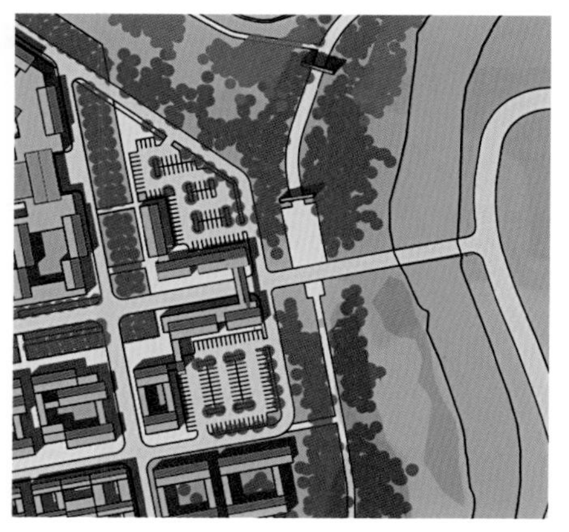

谒陵大道西入口

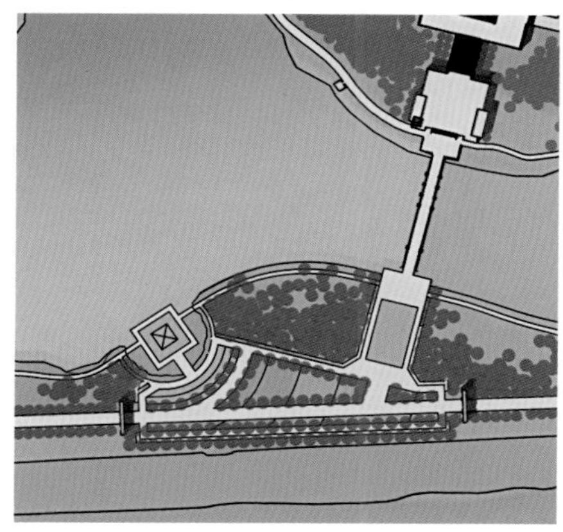

遥望台广场

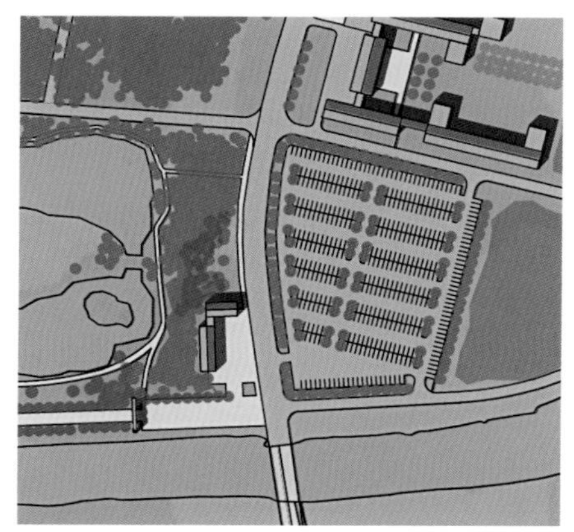

谒陵大道东入口

5.6 千年城邑，重整而彰

1. 延续格局，有机更新

黄陵古城历经千年，上下城的总体格局仍然较为完整，特别是上城地区，古城轴线和城墙的位置也仍较为清晰。在近些年的建设中，随着县城人口的持续增加，在上城的局部地区、下城内和城外地区增加了新的建设，新建建筑在高度和尺度上均有较大的扩展。特别是下城地区中的一些公共建筑的体量相对较大，与原有的古城内小尺度传统建筑形成了比较明显的反差。

在设计方案中，遵循原有的上下城、城轴线、城墙总体关系，保留街巷格局，重塑局部地区的空间肌理。

在上城的空间范围内保护、维护原有鱼骨状街巷格局和传统的建筑体量，不作大规模的改动，以小尺度、嵌入式的整治更新完善相关配套设施保障、环境品质提升等工作。

整治上城城墙周边建设，拆除违法建设，清退部分不合理建设，在合适的地方增加部分小型绿地、小型广场空地等公共空间，展示原有城墙。

在下城的空间范围内，随着政府机构的西迁，整治更新现状建设。更新与老城体量尺度不适宜的部分现代建筑，以具有地区特色的中小建筑群落取而代之，并借此置入新的文化功能，如小型博物馆、文化馆、展览馆等，展示黄陵古城的发展沿革，为当地居民提供文化服务，并完善针对游客的旅游配套服务设施。

结合原有下城城墙所在位置，系统组织绿化带、开敞空间，设立下城城墙公园。除南部地区外，尽可能降低城墙之外的建设量，使得城墙公园可以和沮水滨河绿化景观带融合成为一体，局部可设置生态岸线，改善沮水的生态功能，促进地区的可持续发展。在下城城墙之外的南部地区，可结合旅游功能设立部分服务配套设施。

2. 古城更新，规模减量

古城现状建筑面积57.6万m^2，其中上城9.1万m^2，下城26.5万m^2，城外22.0万m^2。现有的建设规模和建设分布，可结合县城现有部分功能的迁往西部新区，而进行形态优化和建筑减量，布置更多的公共开放空间，增加更多的绿化空间，以突出黄陵古城的总体性。

因此，设计方案总体上对上城南部地区的多层建筑做适当的降层，略微降低上城的建设规模，基本保持下城的现有建设量，结合功能调整和形态调整在下城范围内进行总体空间布局和三维形态的优化。大幅降低城外地区的建设规模，建设沮水生态景观走廊。远期对沮水以南地区作建设量的进一步消减，整体还绿。

规划后的古城建筑面积40.1万m^2，其中上城8.6万m^2，下城26.5万m^2，城外5万m^2。

1969年古城地区卫星图

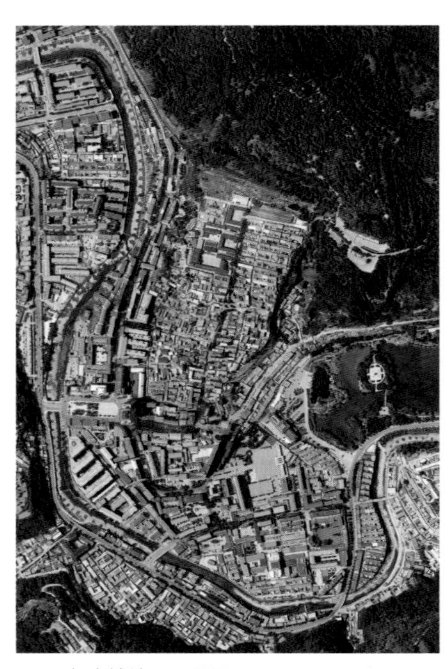
2017年古城地区卫星图

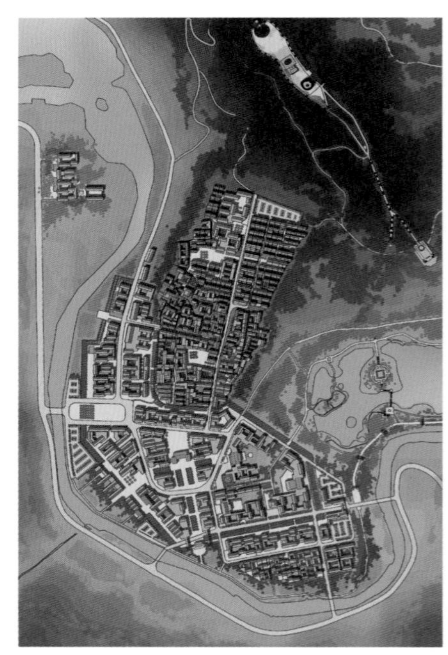
古城地区规划图

3. 旅游接待，满足需求

1984年以前，黄陵每年接待游客仅0.5万人次。1990年，增至24万人次。1995年，首超40万人次。2001～2010年间，每年大约40万～70万人次。2010年以后，每年约有近100万人次前来谒陵祭祖。2016年，黄陵县接待游客106.6万人次。历年过夜游客数量大体占总游客数量的1/5～1/6。

以2016年106.6万人次计，依照7%～10%的游客增长速度，2030年黄陵县游客数量将在274.9万～404.8万之间（依据《黄帝陵风景名胜区总体规划（2017—2030年）》2030年黄帝陵游客规模可达到378.9万人次）。

按照旅游服务地区客均200m²用地的接待规模，现有黄陵老城地区（包括上下城及城外地区）共计54hm²计算，若提升整治后的黄陵老城地区主要承载旅游服务功能，可满足日均2500人的接待量，全年可接待80万人次，满足2030年占规划游客人数1/4～1/5的过夜游客需求。可形成核心区相对完善的功能组团。

4. 风格引导，彰显特色

现有老城地区内已经形成了若干典型风格建筑并存的局面。

核心区庙轴上的建筑群落由轩辕庙和龙驭阁奠定了汉式风格，因此建议陵轴上的新增建筑物、构筑物均延续现有的汉式建筑风格。

上城地区保留有部分关中民居和陕北窑洞的典型传统建筑，体现出显著的地域特色。在后续建设中，一方面，要积极保护修复传统民居建筑；另一方面，应归纳地区传统建筑在院落格局、建筑单体、建筑细部等方面的典型模式和具体做法，形成地区传统建筑的建造图集，选用地方材料，培育地方建造施工队伍，新建建筑应维护和强化上城地区的关中民居或窑洞风格建筑特色。

下城地区及核心区以外的现有建筑风格上以现代建筑为主，但未能形成较为统一的特色。结合地区更新建设，新增建筑可采用新中式风格。建筑高度以2～4层为主，主要采用坡屋顶形式，形成与山水环境相协调的空间体量。提取地区传统建筑的空间基因和空间要素，将其创新性的应用于新建筑设计和建设中，使得新建建筑一方面传承既有地区特色，另一方面也体现出时代特征。鼓励地方材料的应用，新建建筑的色彩应统一，注重环境小品和景观的整体塑造。

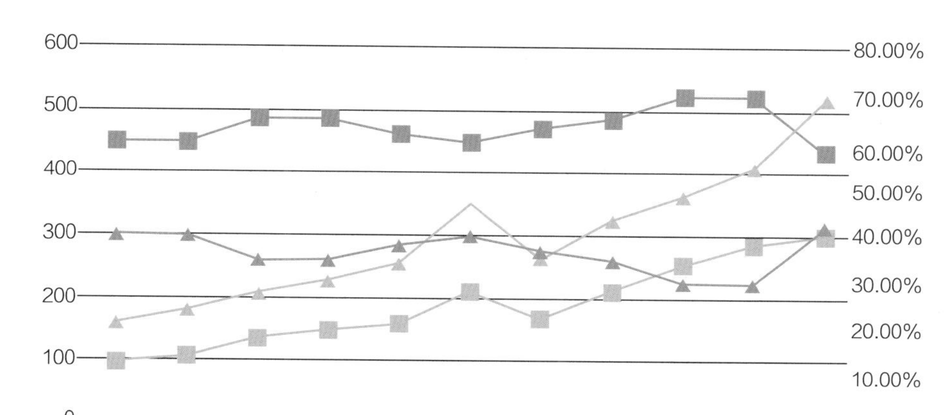

黄陵县历年外省、本省游客量及占比

2006～2016年黄陵县各项旅游指标对比

年份	游客量（万人次）	游客增长率（%）	旅游收入（亿元）	旅游收入增长率（%）	游客一般停留时间（小时）	过夜游客量（万人次）
2006	160	—	4.2	—	2	30
2007	180	12.5	4.7	11.9	3	36
2008	209	16.11	5.8	23.4	3	41
2009	229	9.57	6.3	8.62	3	48
2010	257	12.23	6.8	7.94	4	50
2011	350	36.19	11.3	66.18	4	61
2012	266	−24	9.8	−13.27	5	53
2013	326	22.56	11.4	16.33	6	60
2014	363	11.35	12.7	11.4	6	65
2015	410	12.95	14	10.24	8	70
2016	520.6	26.98	18.3	30.71	8	91

古城地区现状建筑面积

古城地区规划建筑面积

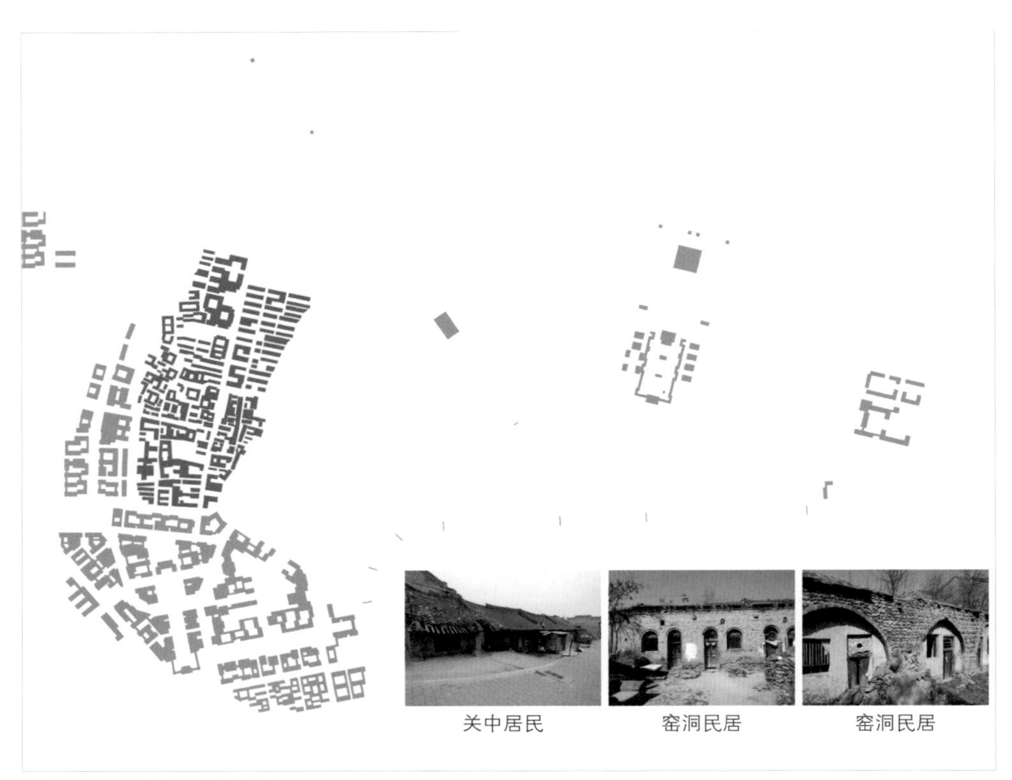

古城地区的现有传统建筑分布

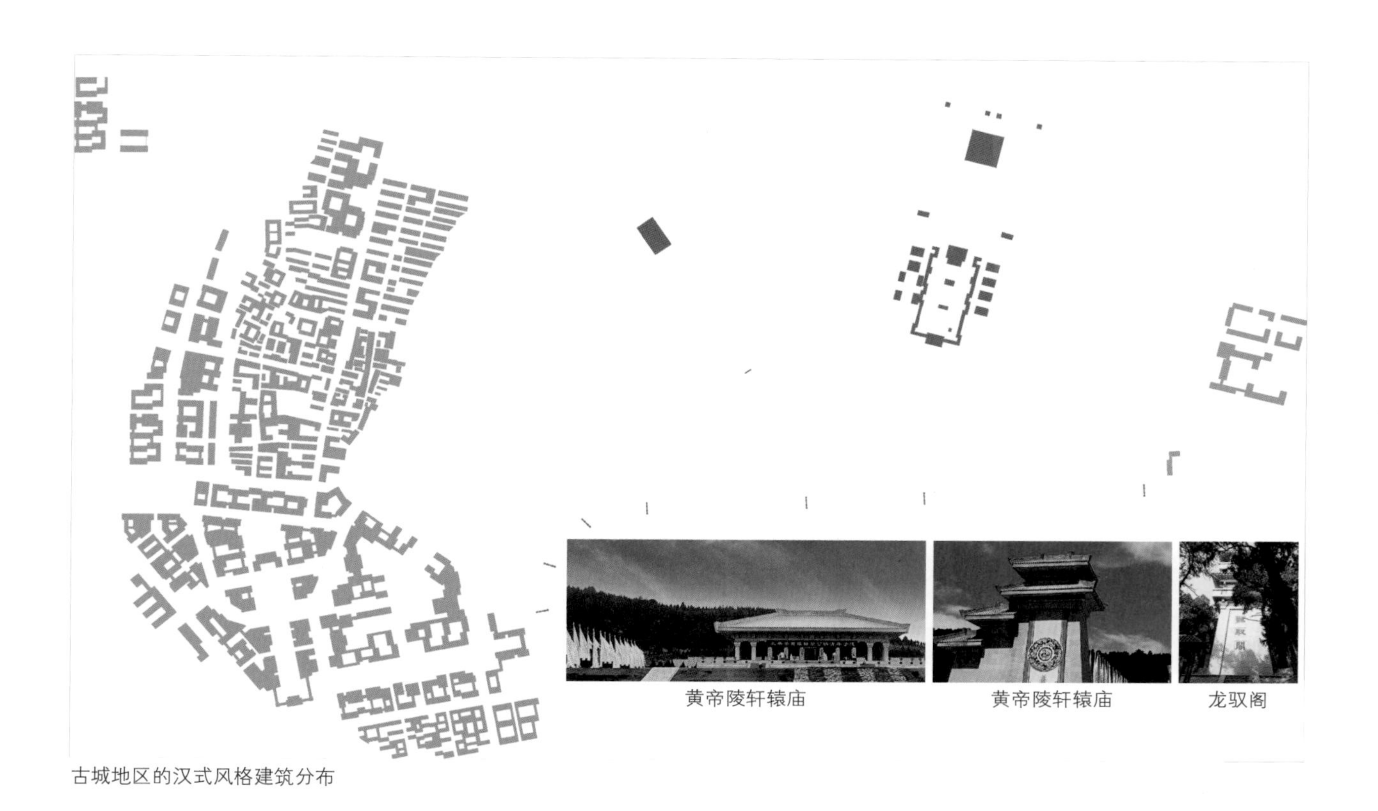

古城地区的汉式风格建筑分布

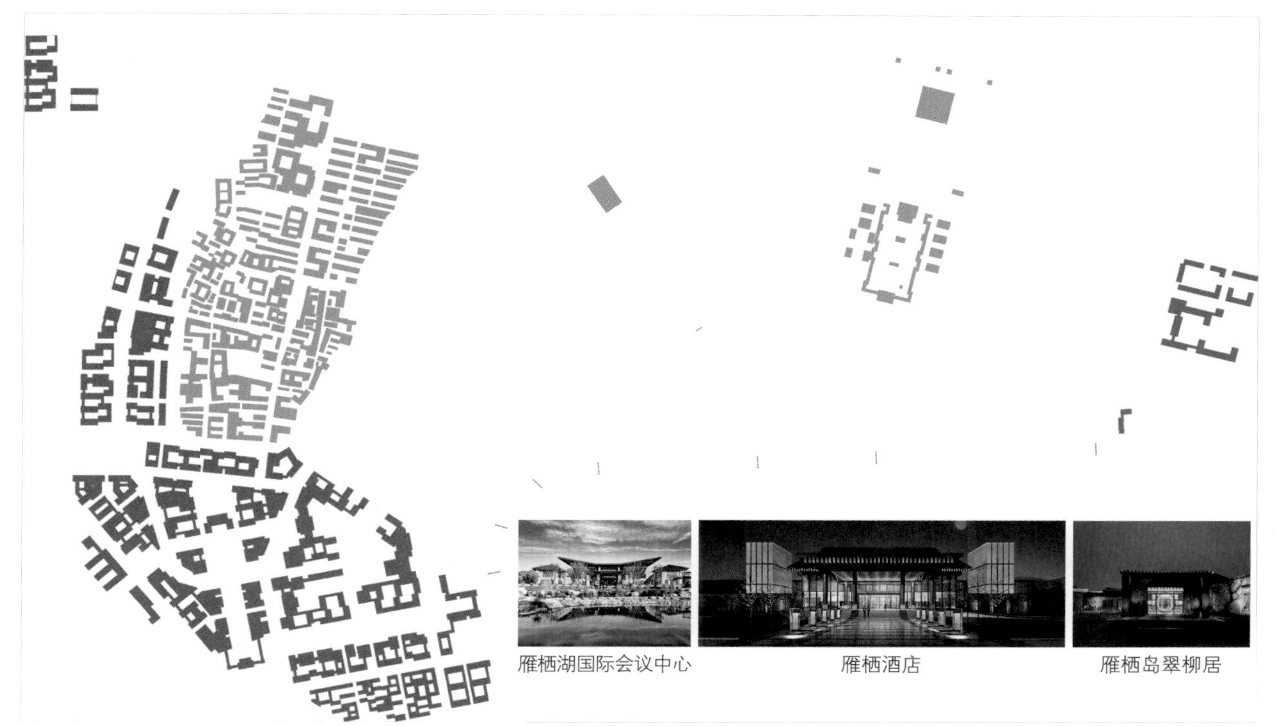

新中式风格建筑分布及示意(图片来源：北京北控置业有限责任公司,北京北控国际会都房地产开发有限责任公司. 雁栖湖 雁栖岛[M]. 北京：中国建筑工业出版社，2016.)

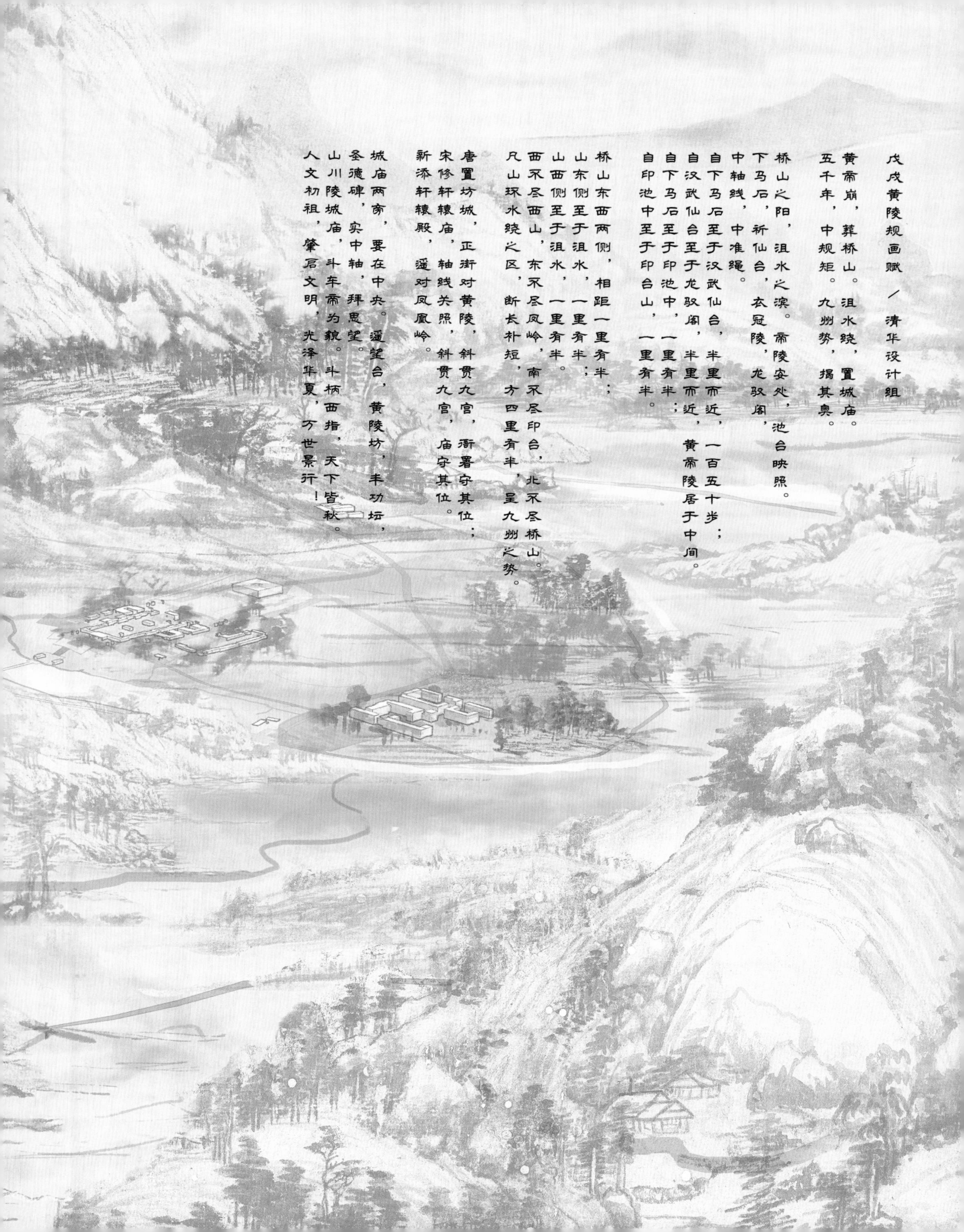

戊戌黄陵规画赋 / 清华设计组

黄帝崩，葬桥山。沮水绕，置城庙。
五千年，中规矩。九州势，揭其奥。

桥山之阳，沮水之滨。帝陵安处，池台映照。
下马石，祈仙台，衣冠陵，龙驭阁，
中轴线，中准绳。
自下马石至于汉武仙台，半里而近，一百五十步；
自汉武仙台至于龙驭阁，半里而近，黄帝陵居于中间。
自下马石至于印池中，一里有半；
自印池中至于印台山，一里有半。

桥山东西两侧，相距一里有半；
山东侧至于沮水，一里有半；
山西侧至于沮水，一里有半。
西不尽西山，东不尽凤岭，南不尽印台，北不尽桥山。
凡山环水绕之区，断长补短，方四里有半，呈九州之势。

唐置坊城，正街对黄陵，斜贯九宫，衙署守其位；
宋修轩辕庙，轴线关照，斜贯九宫，庙守其位。
新添轩辕殿，遥对凤凰岭。

城庙两旁，要在中央。遥望台，黄陵坊，丰功坛，
圣德碑，实中轴，拜思望。
山川陵城庙，斗车帝为貌。斗柄西指，天下皆秋。
人文初祖，肇启文明，光泽华夏，万世景行！

清华团队工作节点

参加在黄陵县举行的『工作营』开营研讨会

参加在黄陵县举行的『工作营』开营仪式，开始驻场工作与现场调研
2018年3月5日

参加在北京举行的『工作营』中期汇报
2018年3月19日

参加在黄陵县举行的『工作营』闭营仪式，结束驻场工作
2018年3月25日

参加在黄陵县举行的戊戌（2018）年清明公祭轩辕黄帝典礼，并在典礼后同参与『工作营』的各团队进行方案交流。方案阶段性成果在黄陵县展出
2018年4月5日

邀请吴良镛先生参与方案讨论会并征求意见
2018年4月13日

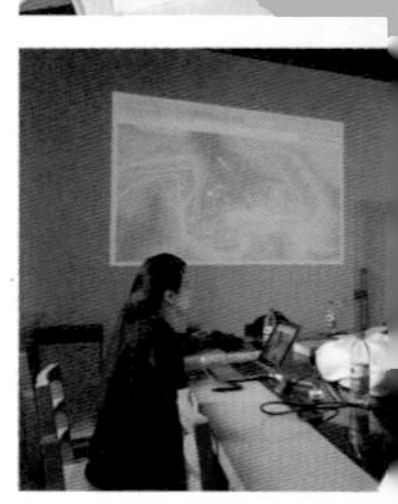

2018年4月16日

参加在北京举行的『工作营』工作推进会

2018年4月26日

向张锦秋先生介绍方案并征求意见

2018年4月27日

拜访王其亨先生并征求意见

参加在黄陵县举行的『工作营』成果评议会
2018年5月20日

参加在清华大学举行的『工作营』两院院士吴良镛先生评议会
2018年6月23日

参加在北京举行的『工作营』成果汇总研讨会
2018年8月10日

参考文献

【1】柏明，李颖科．黄帝与黄帝陵[M]．西安：西北大学出版社，1990.

【2】陈忠实．轩辕黄帝与黄帝陵[M]．西安：三秦出版社，2007.

【3】国家文物局．中国文物地图集·陕西分册（上）[M]．西安：西安地图出版社，1998.

【4】国家文物局．中国文物地图集·陕西分册（下）[M]．西安：西安地图出版社，1998.

【5】何文上．黄帝陵[M]．长春：吉林文史出版社，2010.

【6】侯仁之，顾颉刚．中国古代地理名著选读[M]．北京：科学出版社，1959.

【7】寇云龙．千古圣地黄帝陵[M]．西安：西安地图出版社，2001.

【8】李伯森 等．中国殡葬史[M]．北京：社会科学文献出版社，2017.

【9】李西兴．黄帝陵与龙文化[C]．上海：上海古籍出版社，1994.

【10】刘宝才．黄帝文化志[M]．西安：陕西人民出版社，2008.

【11】刘庆柱．古代都城与帝陵考古学研究[M]．北京：科学出版社，2000.

【12】潘谷西 等．中国古代建筑史[M]．北京：中国建筑工业出版社，2001.

【13】陕西省公祭黄帝陵工作委员会办公室．黄帝陵碑刻[M]．西安：陕西人民出版社，2014.

【14】陕西省黄帝陵管理委员会，黄帝陵基金会．黄帝陵整修纪实1990—2008[M]．西安：陕西旅游出版社，2008.

【15】陕西省考古研究院．陕西黄陵县黄帝陵扩建工程发掘简报[J]．考古与文物，2011(6):48–52.

【16】陕西省清明公祭轩辕黄帝陵典礼筹备工作委员会办公室．轩辕黄帝传[M]．西安：陕西人民出版社，2002.

【17】陕西省文物局．黄陵文物[M]．西安：陕西旅游出版社，2012.

【18】陕西省文物局．陕西省历史地图集[M]．西安：西安地图出版社，2017.

【19】谭其骧．中国历史地图集[M]．北京：中国地图出版社，1982.

【20】王沧洲，李丰．中国黄帝陵文史资料汇编[Z]．内部资料，1999.

【21】王其亨．风水理论研究[M]．天津：天津大学出版社，2005.

【22】王其亨．明代陵墓建筑[M]．北京：中国建筑工业出版社，2000.

【23】吴良镛．中国人居史[M]．北京：中国建筑工业出版社，2014.

【24】西安建筑科技大学黄帝陵基金会．祖陵圣地：黄帝陵 历史·现在·未来[M]．北京：中国计划出版社，2000.

【25】张锦秋．圣殿记[M]．北京：中国建筑工业出版社，2006.

【26】周若祁．黄帝陵区可持续发展规划研究[M]．北京：华文出版社，2002.

附　录

黄帝陵国家文化公

壹. 黄陵认知 家国天下

天下炎黄子孙之共同祖先
中华文明之精神标识。

- 5000年中华文明人文始祖。
- 全球 15 亿华人共同祖先。
- 中华文明之“精神标识”。

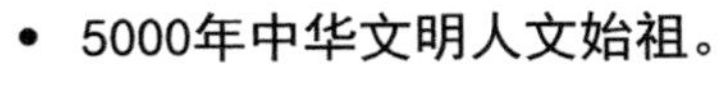
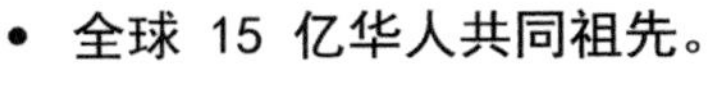

黄帝陵作为中华祖陵之代表性

黄帝陵是首批国保单位（180处）中古墓葬类(19处）中唯一入选的三皇五帝祖陵。

编号	分类号	名称	时代	地址	备注
162	1	黄帝陵		陕西省黄陵县	
163	2	孔林	东周	山东省曲阜县	
164	3	秦始皇陵	秦	陕西省临潼县	
165	4	茂陵	西汉	陕西省兴平县	汉武帝刘彻墓
166	5	霍去病墓	西汉	陕西省兴平县	
167	6	辽阳壁画墓群	汉至晋	辽宁省辽阳市	
168	7	洞沟古墓群	高句丽（前37-668）	吉林省辑安县	包括好太王碑
169	8	封氏墓群	北魏至隋	河北省景县	
170	9	昭陵	唐	陕西省礼泉县	唐太宗李世民墓
171	10	乾陵	唐	陕西省乾县	唐高宗李治与武则天合葬墓
172	11	顺陵	唐	陕西省咸阳市	武则天之母杨氏墓
173	12	六顶山古墓群	渤海（698-926）	吉林省延边朝鲜族自治州敦化县	
174	13	藏王墓		西藏自治区琼结县	公元7世纪至9世纪吐蕃王朝藏王的墓群
175	14	王建墓	五代前蜀	四川省成都市	
176	15	岳飞墓	南宋	浙江省杭州市	
177	16	明孝陵	明	江苏省南京市	明太祖朱元璋墓
178	17	十三陵	明	北京市昌平县	
179	18	清东陵	清	河北省遵化县	
180	19	清西陵	清	河北省易县	

黄帝陵在首批国家非物质文化遗产中民俗类（70处）祭典类(9处）中排名第一。

- 黄帝陵祭典（陕西省黄陵县）
- 炎帝陵祭典（湖南省炎陵县）
- 成吉思汗祭典（内蒙古自治区鄂尔多斯市）
- 祭孔大典（山东省曲阜市）
- 妈祖祭典（福建省莆田市、中华妈祖文化交流会）
- 太昊伏羲祭典（甘肃省天水市、河南省淮阳县）
- 女娲祭典（河北省涉县）
- 大禹祭典（浙江省绍兴市）
- 祭敖包（内蒙古自治区锡林郭勒盟）

黄帝陵山水格局之完整性与独特性

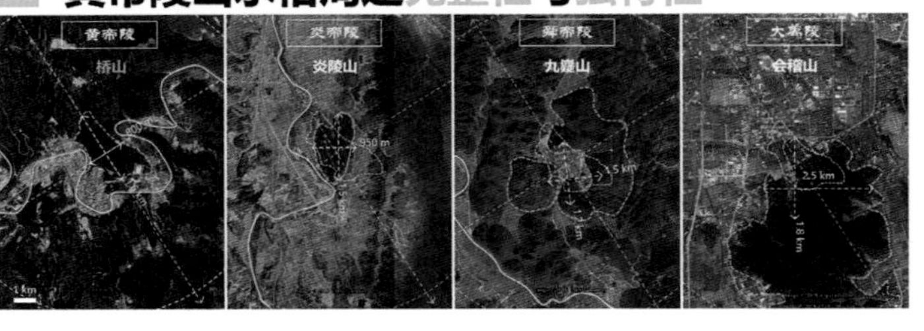

陕西黄陵作为黄帝

陕西黄帝陵自唐代开始获得官祀黄帝的正统性，至

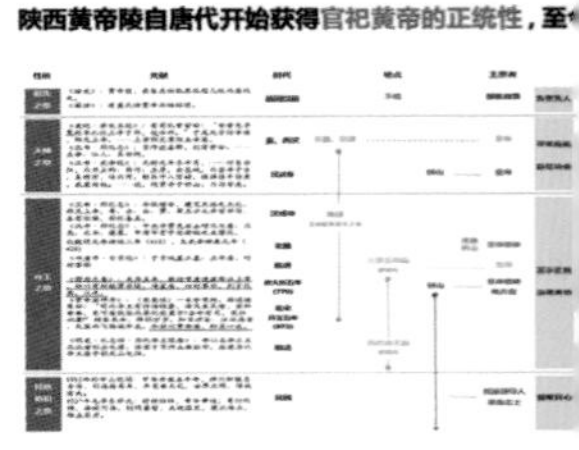

官祀历史遗存丰

黄帝陵国家文化公园

认知
重要性
天下 | 国典 | 家园
独特性
桥山沮水环抱
古城朝对庄正
陵-庙-邑一体
官祀传统绵延

规划设计大师工作营成果展

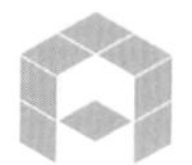

清华大学建筑学院
TSINGHUA UNIVERSITY, SCHOOL OF ARCHITECTURE

公祭人文初祖轩辕之国典场所。

年官方祭祀史。

年陵庙建设史。

清明公祭黄帝之国典场所。

之官祀持续性

黄帝陵、72处黄帝庙中，陕西黄帝陵在历代官祀连续保存现状等方面表现最佳。

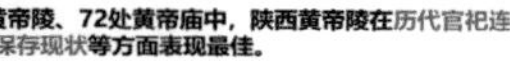

历经千年规划营建形成之人居家园。

- 1600余年行政建置史。
- 近1400年建城史（自唐坊州城）。
- 历千年经营建设的人居家园。

□ 古城历史悠久，空间特色鲜明

上城下城，特色鲜明

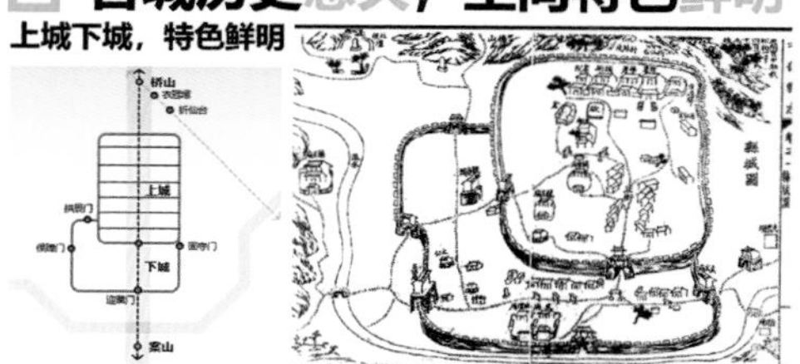

城垣民居，遗存丰富

前案后镇，格局庄正

鱼骨路网，依山抬升

城尽山现，风景入城

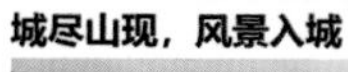

问题		策略		目标
		桥陵气魄，目极环翠	（龙驭阁环视范围）	
格局渐失	→	斗为帝车，七曜临沮	（西门户至黄陵范围）	站位国家高度
关系失衡	→	九州之势，左庙右城	（核心区范围）	展现历史厚度
特色零落	→	千年城邑，重整而彰	（古城范围）	凝聚情感深度
线路失序	→	谒陵之道，三段渐进	（谒陵线路）	
		培根守魂，枢轴中亘	（黄陵中轴）	

贰 . 桥山气魄 目极环翠

以龙驭阁极目四望的可视范围，划定黄陵“山水格局保护区”。其中，在建成区内，划定三类地区；通过控制特定视域内的建筑高度，保护主要节点的桥山山体景观；在城市建成区外，修复生态，减量还翠。

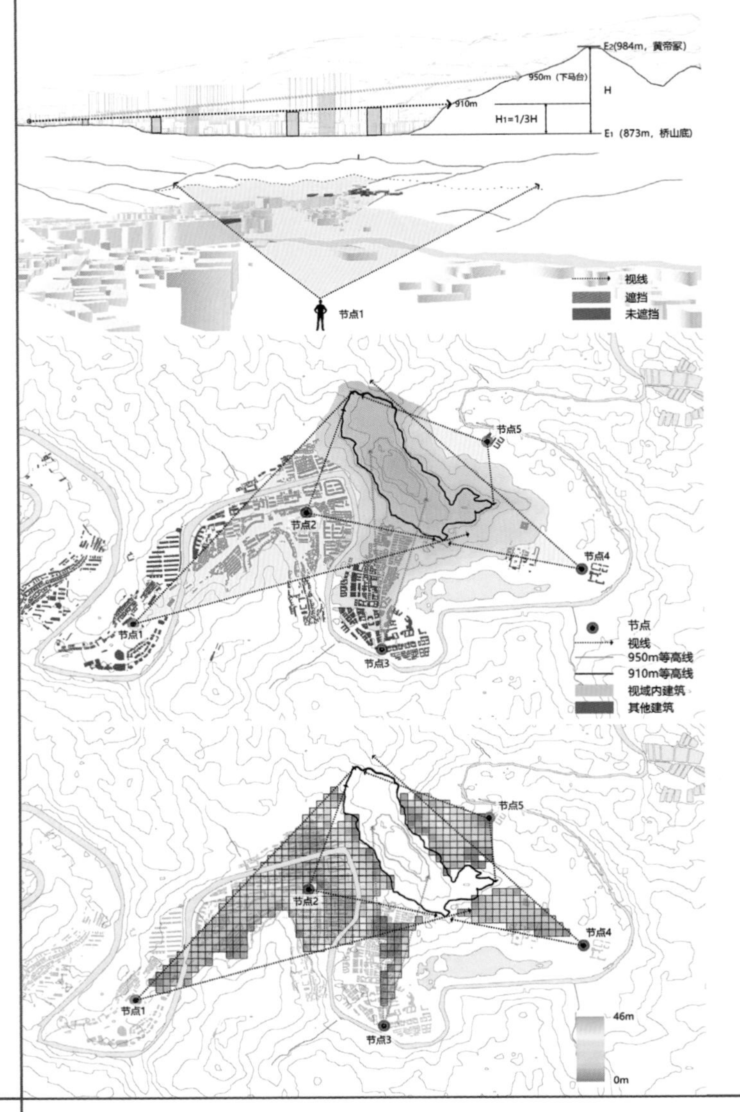

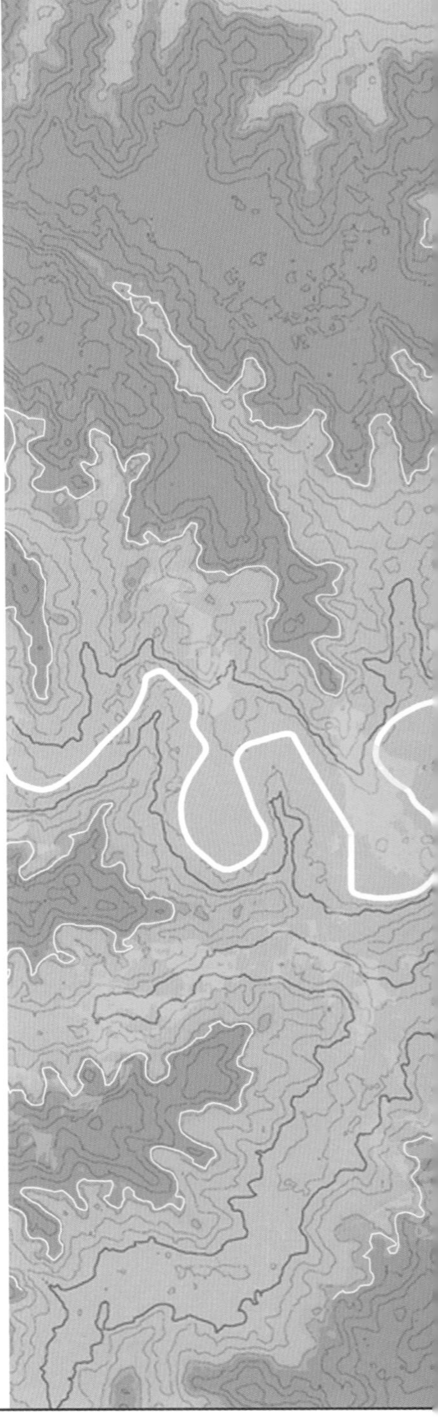

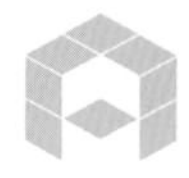
清华大学建筑学院
TSINGHUA UNIVERSITY, SCHOOL OF ARCHITECTURE

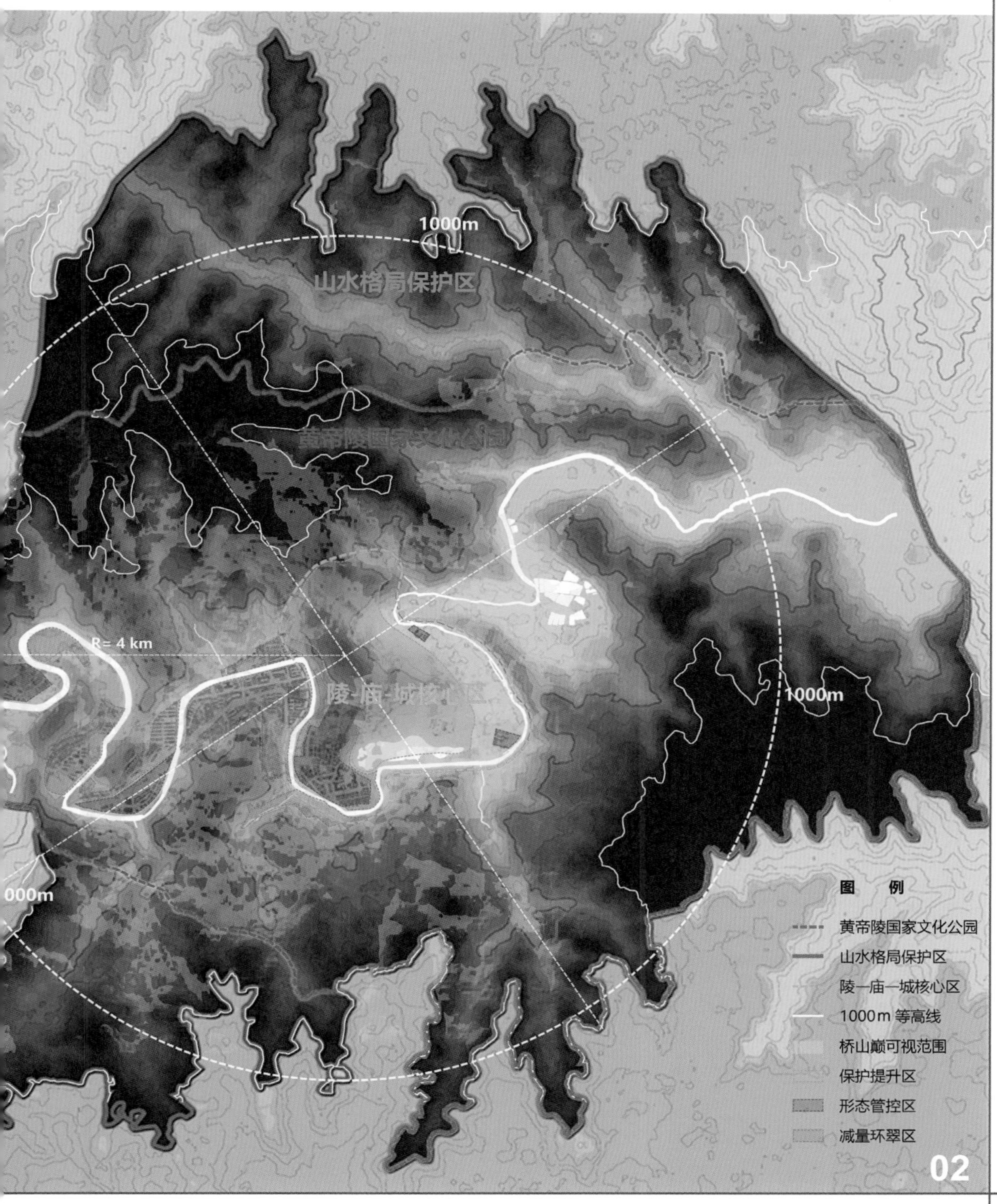
1000m
山水格局保护区
黄帝陵国家文化公园
R= 4 km
陵-庙-城核心区
1000m
000m
图例
黄帝陵国家文化公园
山水格局保护区
陵一庙一城核心区
1000m 等高线
桥山巅可视范围
保护提升区
形态管控区
减量环翠区

叁．斗为帝车 七曜临沮

斗为帝车，运于中央，临制四方。

——《史记·天官书》

斗柄西指，天下皆秋。

——《鹖冠子·环流》

中国古代，黄帝与“北斗”有着种种联系，以“斗为帝车”为其代表。规划以“北斗七星”概念组织沮水沿线功能组团，滨水布置标志性公共“建筑+景观”组合节点，形成引领各区的“黄帝文化精华项目”，以丰富黄陵城市公共空间的文化内涵。

山东武梁祠北斗帝车石刻画像

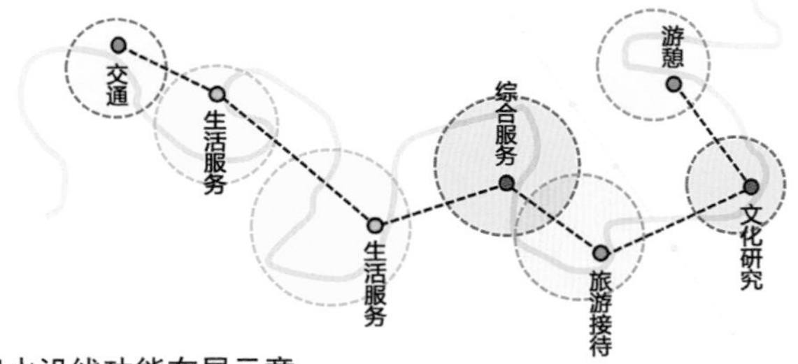

沮水沿线功能布局示意

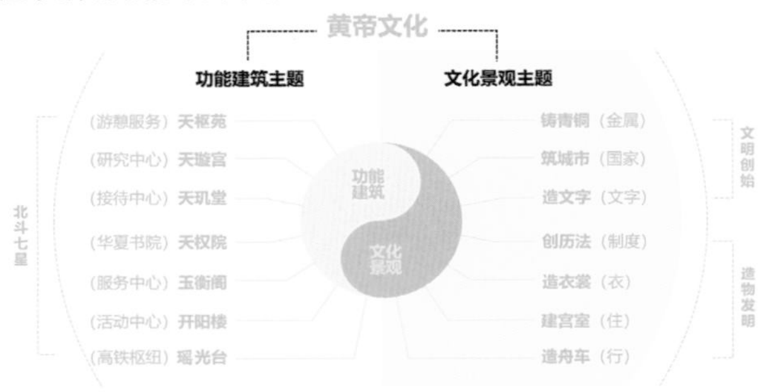

“建筑+景观”黄帝文化精华项目

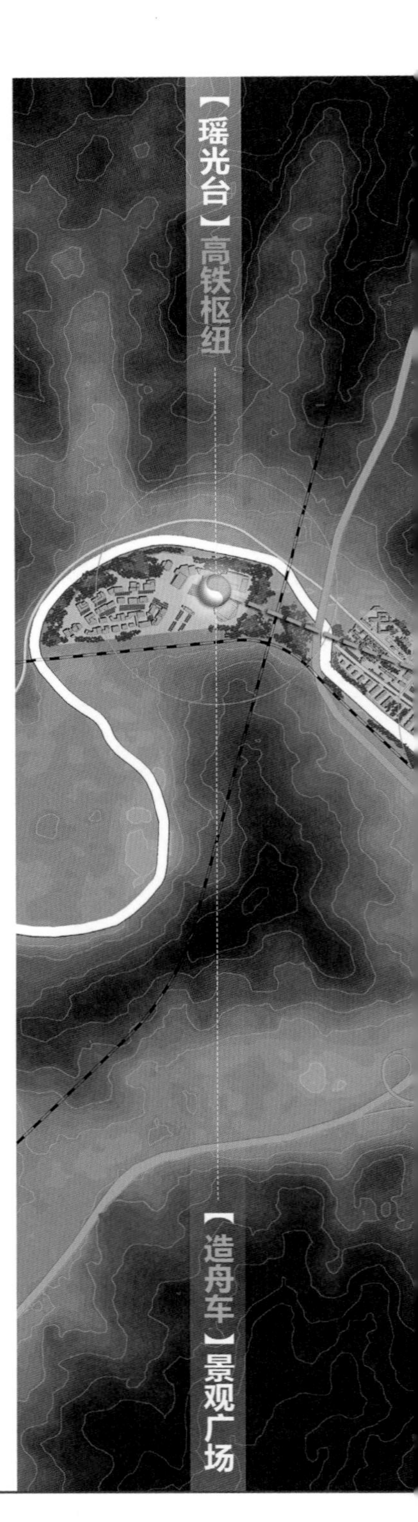

清华大学建筑学院
TSINGHUA UNIVERSITY, SCHOOL OF ARCHITECTURE

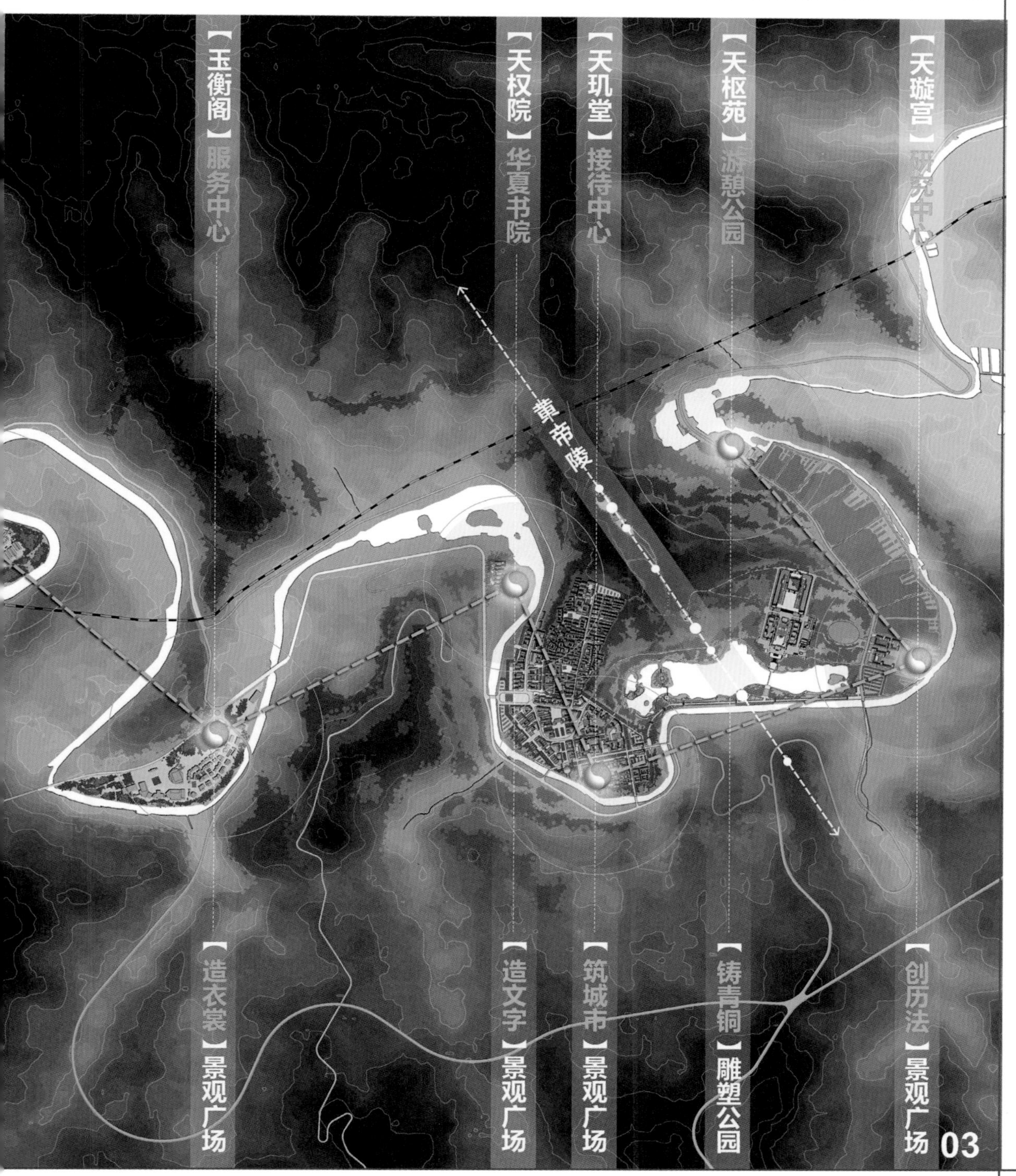

肆．九州之势 左庙右城

历史上黄陵布局依山川而定位，形与数相结合，形成山—水—陵—庙—城浑然一体、古朴、庄严、肃穆、宏伟之整体意境。山川尺度形成九宫格局，格方汉制一里有半，合今630m；陵、庙、衙等关键建筑定位均受网格控制。
规划延续并强调这一空间格局，突出“陵轴居中，左庙右城”的空间特色，并在网格控制下增加新的空间节点 。

□ 九宫体系，格局控制

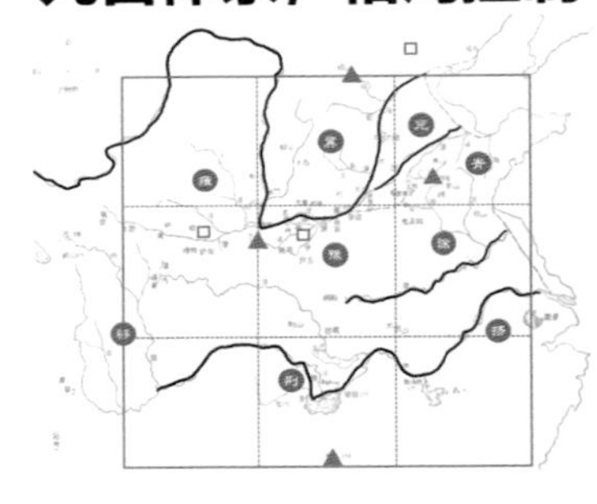

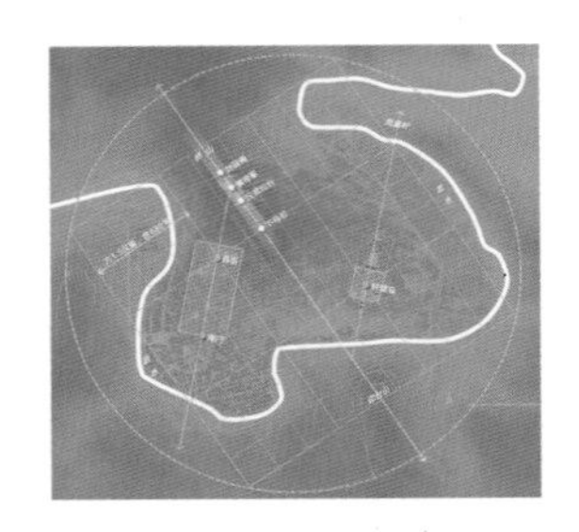

□ 城庙分工，重整而彰

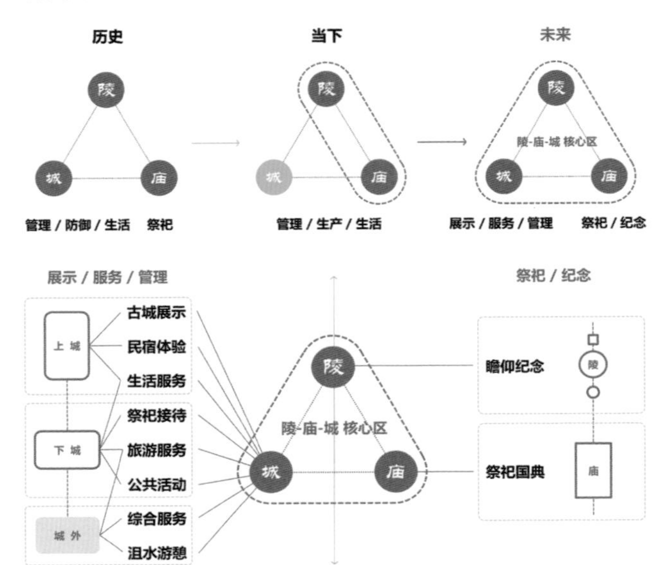

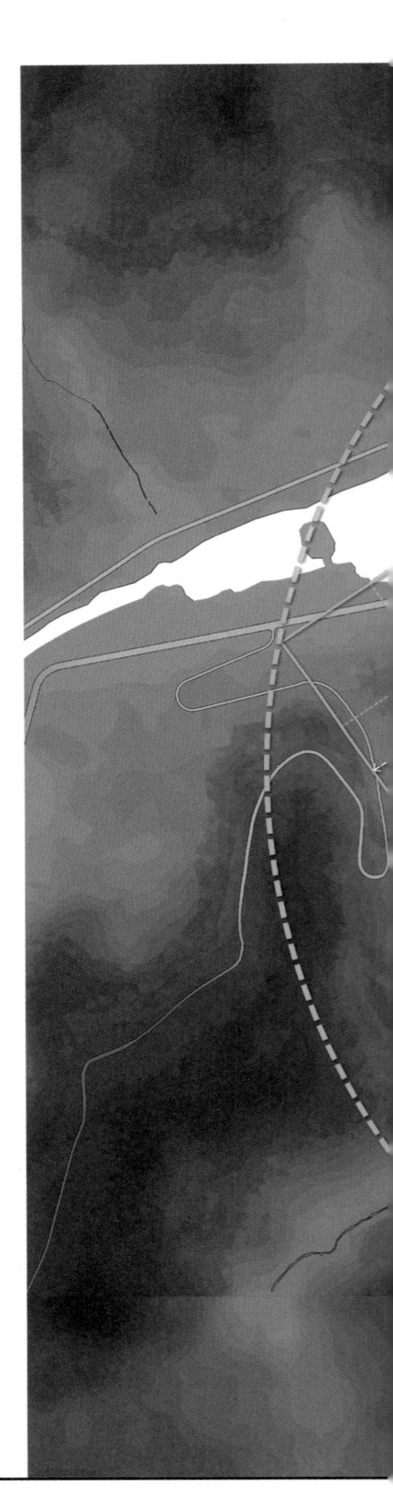

桥山
龙驭阁
黄帝冢
汉武仙台
下马石
功德碑
黄陵坊
遥望台
印台阁
印台山
凤凰岭
沮水
轩辕庙
县衙
正街
南门
水

伍．培根守魂 枢轴中亘

加强黄帝陵轴线，强化圣地感。基于对自然山水地形和黄帝文化价值的研究，将轴线分为“望—思—拜”三个段落，望山陵气势，思黄帝功德，拜人文始祖，层层抬升，渐入圣境。在现有重要建筑物的基础上，增加关键节点，强化轴线。

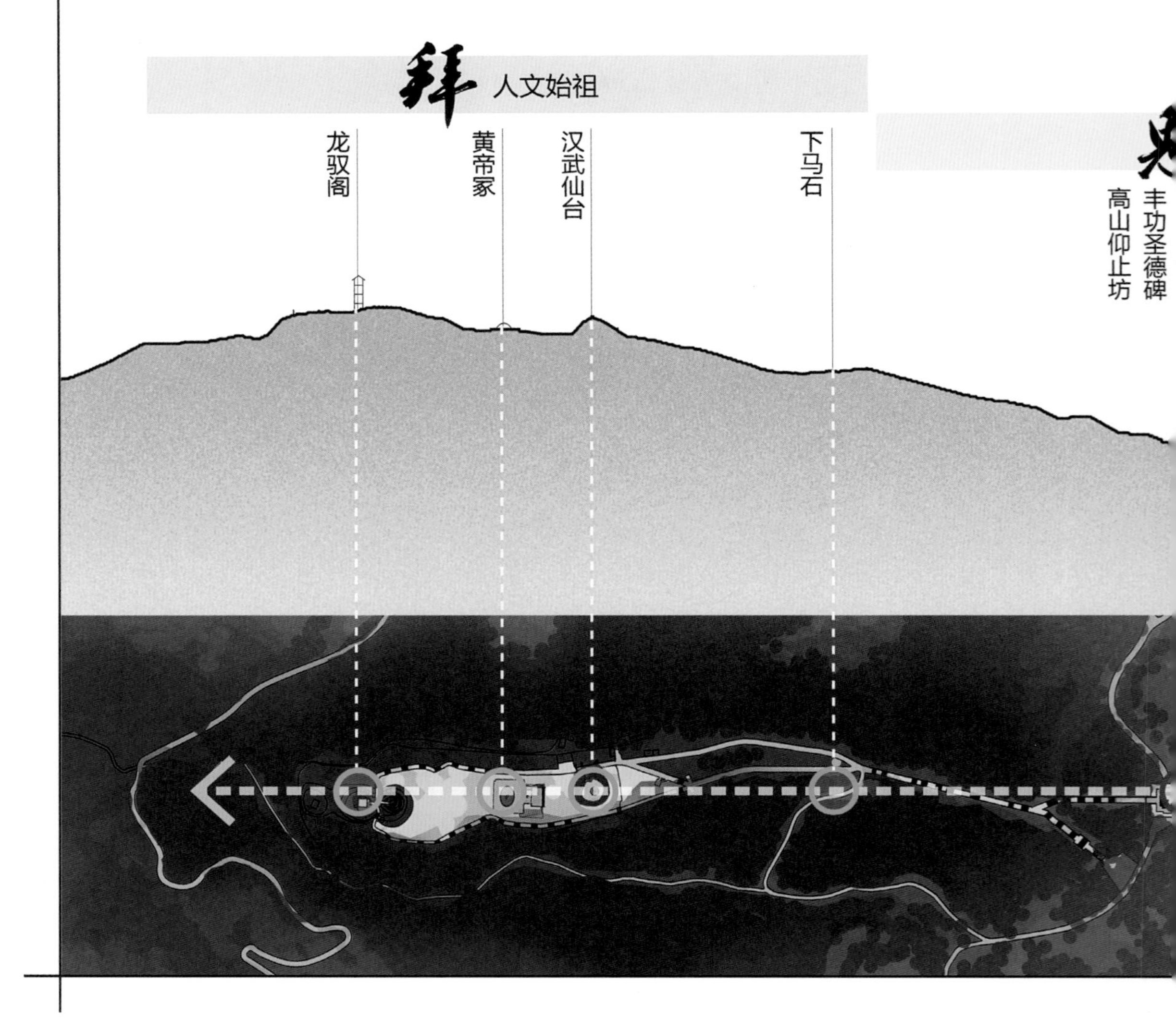

清华大学建筑学院
TSINGHUA UNIVERSITY, SCHOOL OF ARCHITECTURE

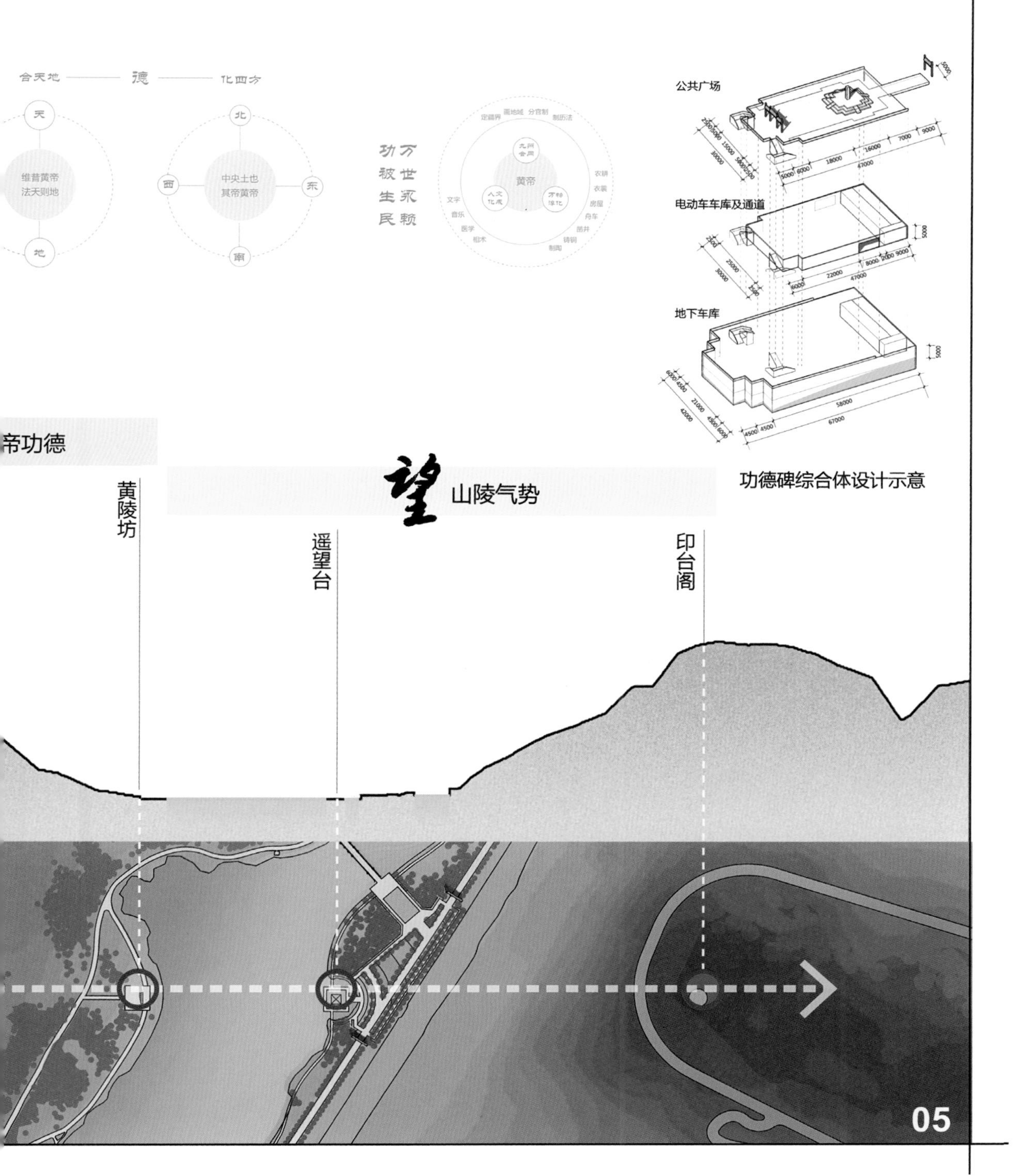

功德碑综合体设计示意

黄帝陵国家文化

陆．千年城邑 重整而彰

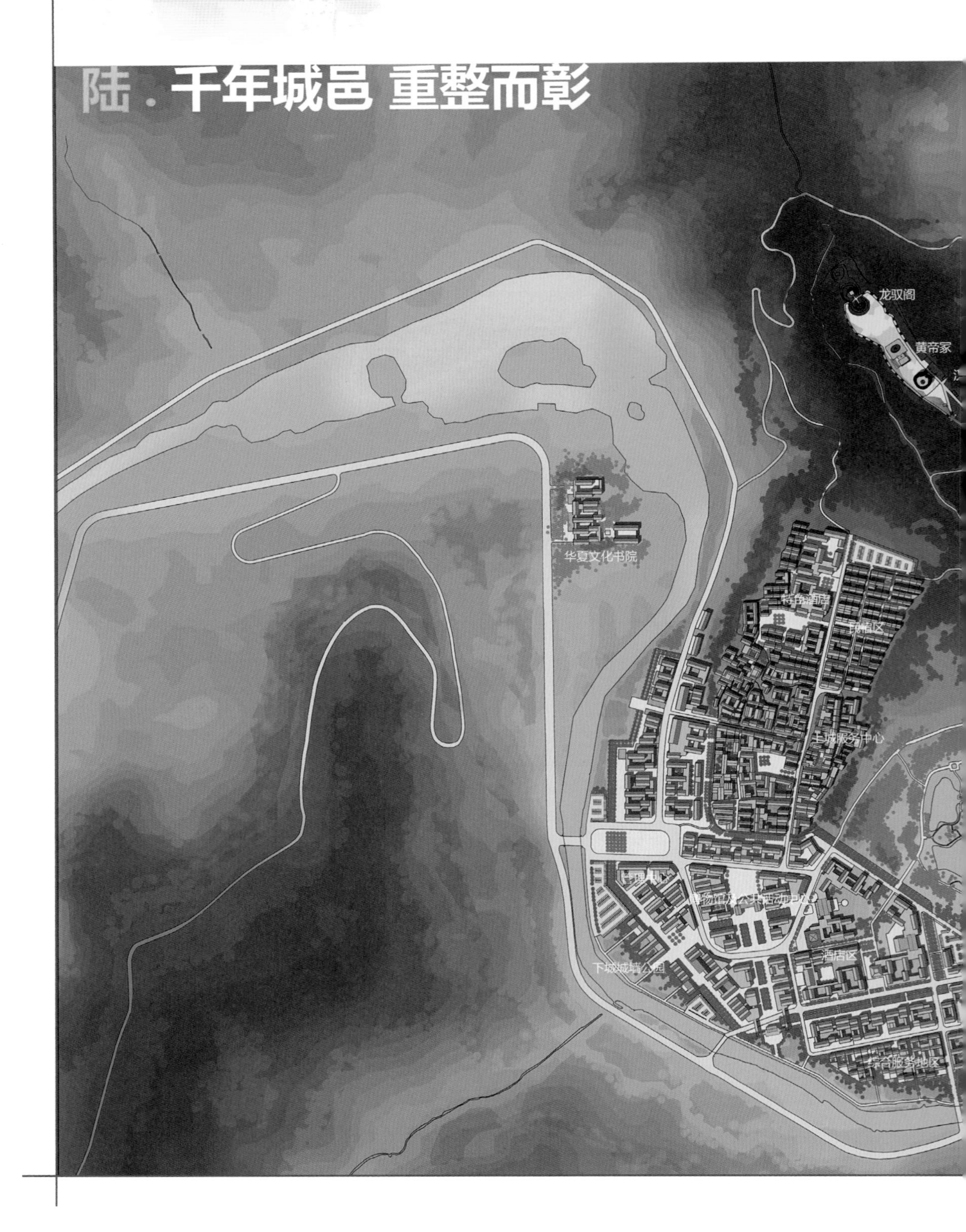
龙驭阁
黄帝冢
华夏文化书院
特色酒店
上城服务中心
管理中心
博物馆及公共活动中心
酒店区
下城城墙公园
综合服务地区

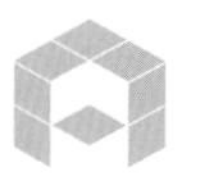

清华大学建筑学院
TSINGHUA UNIVERSITY, SCHOOL OF ARCHITECTURE

黄帝陵国家文化公

黄陵认知
家国天下
桥陵气魄
目标还翠
斗为帝车
七曜临沮
九州之势
左庙右城
千年城邑
重塑帝彰
谒陵之道
三段渐进
培根守魂
枢轴中亘

人文初祖枋望丰功圣德碑人视效果图

高山仰止枋望丰功圣德碑人视效果图

人文初祖枋正立面渲染图

高山仰止枋正立面渲染图

丰功圣德碑正立面渲染图

清华大学建筑学院
TSINGHUA UNIVERSITY, SCHOOL OF ARCHITECTURE

功德碑综合体设计示意

石灯立面渲染图

丰功圣德碑综合体剖面图